木材焊接技术

周晓剑　杜官本　编著

科学出版社

北京

内 容 简 介

本书总结了一种新型的木材无胶粘接技术——木材焊接技术的研究进展及成果。本书按照木材学基本知识、木材胶接理论及方法、木材焊接的意义、木材焊接的种类、线性摩擦焊接、圆木棒榫旋转摩擦焊接（简称旋转焊接）、木材焊接技术存在的问题及展望等7个专题对木材焊接技术的发展进行讨论。本书对木材焊接方法和焊接后木材产品的性能等内容进行全面、系统的介绍，是从技术层面讨论新型木材无胶粘接技术的著作，具有较强的理论指导意义和应用价值。

本书除供木材科学与工程专业学生使用外，可供企业相关研发人员、科研工作者，以及从事木材加工和家具生产的工程技术人员参考，亦可作为大专院校相关专业的选修教材。

图书在版编目（CIP）数据

木材焊接技术/周晓剑，杜官本编著. —北京：科学出版社，2020.4（重印）

ISBN 978-7-03-060880-2

Ⅰ. ①木…　Ⅱ. ①周…　②杜…　Ⅲ. ①木材接合　Ⅳ. ①TS654

中国版本图书馆CIP数据核字（2019）第050185号

责任编辑：韩卫军/责任校对：彭　映
责任印制：罗　科/封面设计：墨创文化

科学出版社出版
北京东黄城根北街16号
邮政编码：100717
http：//www.sciencep.com

四川煤田地质制图印刷厂印刷
科学出版社发行　各地新华书店经销
*
2019年4月第　一　版　开本：720×1000　B5
2020年4月第二次印刷　印张：5 1/2
字数：160 000

定价：68.00元

（如有印装质量问题，我社负责调换）

前　言

木材由天然高分子聚合物组成，是地球上最丰富的可再生材料之一。如今，需要开发新的技术将木材这类可再生材料逐步取代不可再生资源。通常情况下，这类材料的形状和尺寸是有限的，这由树木的形状和尺寸来决定。为了获得具有一定形状和尺寸要求的木质材料，往往需要通过机械连接（杆、钉、绳、藤、螺栓、螺钉等）或化学胶水粘接来实现。如果单从连接有效结果来看，化学胶水（胶黏剂）粘接往往比生物质胶水和机械连接更有效，但是，使用化学胶水粘接的一个最大缺点就是实现胶水的固化往往需要在一定的压力作用下保持较长时间。这种时间的耗费往往是家具生产过程的瓶颈，增加了该行业生产的周转时间和生产成本。据不完全统计，每年用在木材工业的树脂胶黏剂高达几百万吨。除了胶黏剂固化需要较长时间，胶水的使用还将造成严重的环境污染。总的说来，用胶黏剂来实现两块甚至多块木材及木制品的粘接，这种工艺既消耗时间，又造成环境污染。

焊接技术在金属和热塑性材料加工领域已有广泛应用，它既不需要金属连接，也不需要胶水粘接。该技术可有效改善产品尺寸、形状和性能，解决粘接领域某些特定的技术难题，在电气工程、建筑、汽车工业、航空航天工业和工具制造领域已大量使用。与传统连接方式相比，焊接技术的最大优点就是加工过程非常迅速，仅在几秒内即可完成整个焊接过程，而且焊接产品具有较高的机械强度。影响焊接效果，尤其是焊接强度的因素有很多：一方面，机械设备的参数，如焊接压力、时间、频率和振幅等会影响焊接的效果；另一方面，焊接材料的特性，如原材料的种类、湿度、密度、抽提物含量和年轮分布特性等因素也会影响木材焊接的效果。

焊接过程是一个发热—冷却的过程。发热过程中，木质材料主要成分分解、降解，甚至在高热作用下形成新的化合物，涉及化学和物理变化，当焊接过程结束和界面冷却后，可以采用气相色谱、质谱、傅里叶变换红外光谱、核磁共振碳谱等现代仪器分析手段来进行化学结构的分析。

木材作为一种天然高分子材料，主要由纤维素、半纤维素和木质素等组成。木材焊接技术是指木质纤维材料在一定的外力作用和无胶黏剂的前提下，木质素和半纤维素等聚合物发热、熔融打结、冷却后形成稳定的缠结网络，继而实现木材粘接（焊接）的一项技术。在高温条件下，摩擦将导致木质材料的部分组分分解成糠醛，在碳水化合物的作用下，产生的糠醛将与木质素进行反应，在压力的作用下，反应产物在焊接界面冷却固化，进而实现焊接。

在石化产品日益枯竭和人们不断追求绿色环保生活的今天，提出木制品“绿色”加工理念是极其有必要的。木制品“绿色”加工工艺除使用天然胶黏剂对木质原料进行粘接外，木材焊接技术以其加工速率快、机械强度高等优势也逐步成为人们关注的焦点，是一项新兴技术。国外，以法国、瑞士、德国、奥地利为主的国家已经开展了大量关于木材焊接技术的研究，并逐步进行推广应用。然而，我国在该领域尚未开展相关的科学和应用技术研究。因此，本书旨在向同行业者系统介绍木材焊接方面的专业知识，向大众读者普及木材焊接的相关常识，内容深入浅出，并配有大量插图，无论是行业从业者还是来自其他领域的读者都能轻松阅读、理解和掌握。

本书得到云南省中青年学术和技术带头人后备人才培养对象、云南省“万人计划”青年拔尖人才计划、云南省科技领军人才培养计划、“云岭学者”培养工程、云岭产业技术领军人才培养工程的资助，以及云南省木材胶黏剂及胶合制品重点实验室、云南省木材胶黏剂创新团队、生物质材料中法联合实验室的支持，在此深表感谢！

目　录

第 1 章　木材学基本知识 ··· 1
1.1　木材解剖 ··· 1
1.2　木材的化学组成 ··· 2
1.2.1　纤维素 ··· 2
1.2.2　半纤维素 ··· 3
1.2.3　木质素 ··· 4
1.2.4　抽提物 ··· 6
1.3　木材热降解性能 ··· 6
1.3.1　木材的玻璃化转变温度 ··· 7
1.3.2　化学变化 ··· 9
第 2 章　木材胶接理论及方法 ··· 10
2.1　胶接理论 ··· 10
2.1.1　机械胶接理论 ··· 10
2.1.2　吸附理论 ··· 10
2.1.3　化学键理论 ··· 11
2.1.4　扩散理论 ··· 12
2.1.5　静电理论 ··· 12
2.2　胶接过程 ··· 13
2.3　胶接破坏形式 ··· 14
2.3.1　被胶接物破坏 ··· 15
2.3.2　界面破坏 ··· 15
2.3.3　内聚力破坏 ··· 15
2.3.4　混合破坏 ··· 15
第 3 章　木材焊接的意义 ··· 20
3.1　保留木材的天然外观 ··· 20
3.2　提高木制品的力学性能 ··· 20
3.3　提高生产效率 ··· 20
3.4　焊接后的木制品易回收 ··· 20
3.5　有效保护环境 ··· 20

第 4 章　木材焊接的种类 ……22
第 5 章　线性摩擦焊接 ……26
5.1　影响线性摩擦焊接的因素 ……28
5.1.1　材料特性 ……28
5.1.2　焊接工艺 ……32
5.2　线性摩擦焊接过程中的温度变化 ……34
5.3　线性摩擦焊接过程中的化学反应 ……35
5.4　线性摩擦焊接过程中的挥发物成分 ……37
5.5　焊接过程中界面形貌变化 ……38
5.6　线性摩擦焊接产品耐水性改善研究 ……45
5.7　线性摩擦焊接木制品的应用开发 ……49
第 6 章　旋转焊接 ……52
6.1　旋转焊接工艺参数对焊接产品性能的影响 ……54
6.1.1　圆木棒榫的旋转速度和进给速度 ……54
6.1.2　圆木棒榫与基材预钻孔的直径比及特殊处理 ……54
6.1.3　圆木棒榫插入角度 ……56
6.1.4　木材种类 ……59
6.2　旋转焊接过程中的温度变化 ……60
6.3　旋转焊接过程中的化学反应 ……61
6.4　旋转焊接过程中的挥发物成分 ……63
6.5　旋转焊接界面形貌及密度分布 ……64
6.6　旋转焊接产品耐水性改善研究 ……66
6.7　旋转焊接木制品的应用开发 ……67
第 7 章　木材焊接技术存在的问题及展望 ……74
7.1　存在问题 ……74
7.2　技术展望 ……74
参考文献 ……76

第 1 章　木材学基本知识

木材是能够次级生长的植物，如乔木和灌木所形成的木质化组织。这些植物在初生生长结束后，根茎中的维管形成层开始活动，向外发展出韧皮，向内发展出木材。据统计，世界上已发现的木材种类达 20000 多种，每一个材种都有不同的性质和用途。为了更好地了解每一种木材，更好地实现其应用，必须先了解相关的物理特性和化学性质。从了解木材、理解木材到掌握木材，从木材加工、人造板制备到木材胶合技术都离不开对木材的基本物理和化学特性的理解。

1.1　木 材 解 剖

木材的微观结构展示了木材内部的结构组成。针叶材和阔叶材的微观结构有显著差异。针叶材微观结构简单而规则，它主要由管胞和木射线组成。针叶材的木射线一般较细，且在肉眼下不可见。一般而言，针叶材的生长轮（年轮）界明显，早、晚材严格区分。针叶材的早材壁薄腔大，颜色较浅；晚材则壁厚腔小，颜色较深。另外，针叶材横切面上管胞分子排列规则、整齐。对于阔叶材而言，微观结构就显得相对复杂，其细胞主要由导管分子、木纤维、轴向薄壁组织和木射线等组成。与针叶材相比，阔叶材组成细胞种类多，特别是其导管在细胞成熟发育阶段的横向扩展导致微观构造特征较针叶材复杂，排列不规则、不整齐。阔叶材因管孔大小和分布不同分为环孔材、散孔材和半环孔材（半散孔材）。因此，从微观角度来看，有无导管是区分针叶材和阔叶材的重要标志，图 1.1 为针叶材和阔叶材的微观结构构造图。

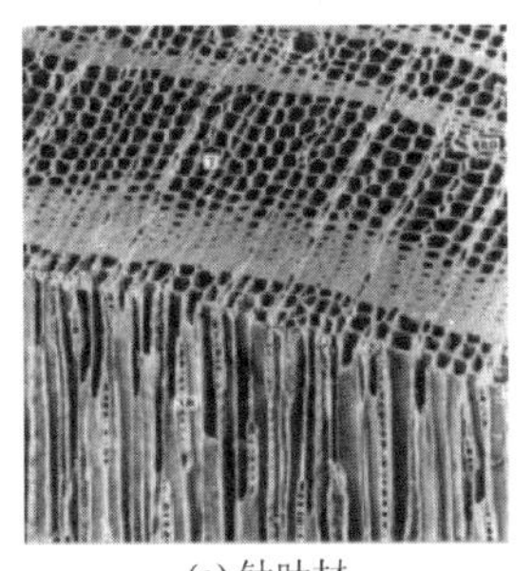
(a) 针叶材

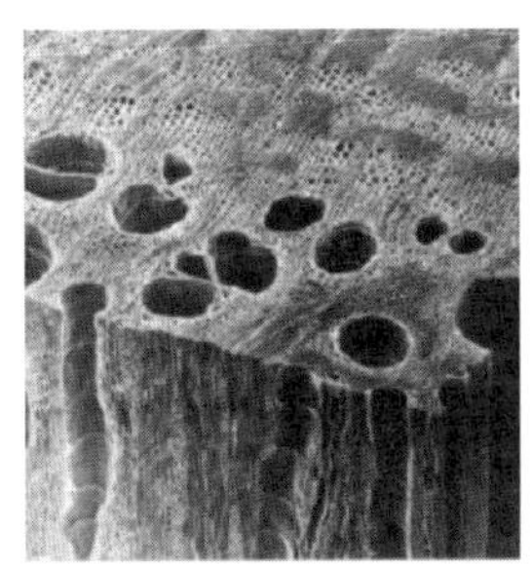
(b) 阔叶材

图 1.1　木材的微观结构构造图

1.2　木材的化学组成

木材是一种含有纤维素、半纤维素和木质素等天然高分子聚合物的材料，如图 1.2 所示。木材中三大主要成分之间的比例大概是纤维素∶半纤维素∶木质素＝50∶25∶25，当然，实际比例取决于具体的材种、生长环境、后期具体的生物变化、种内的遗传差异等。纤维素和半纤维素由碳水化合物形成的聚合物组成，其碳水化合物由单糖组成；木质素则是一种苯基丙烷聚合物。木材内部这些天然聚合物的组成直接影响木材的物理、化学和力学性能。

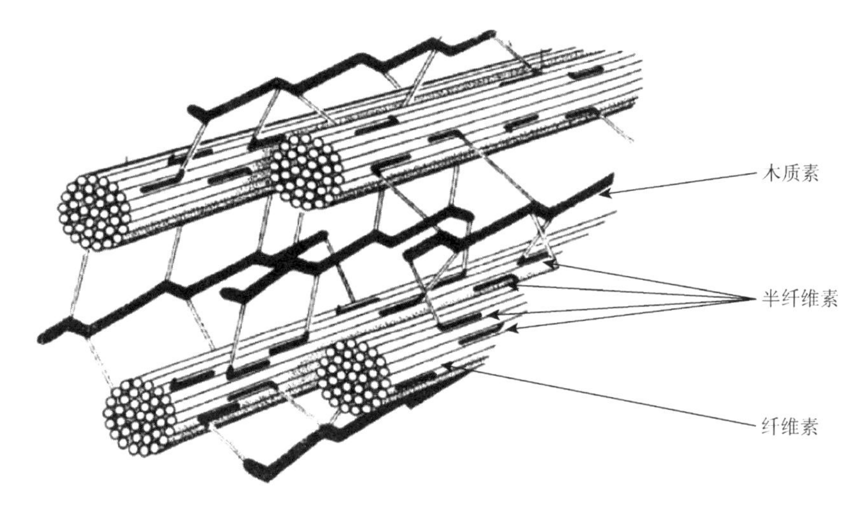

图 1.2　木材中纤维素、半纤维素和木质素三种天然高分子聚合物的分布

如图 1.2 所示，纤维素分子规则排列、聚集成束，由此决定了细胞壁的构架，在纤丝构架之间充满了半纤维素和木质素。天然纤维素有效利用的最大障碍就是它被难以降解的木质素所包裹。纤维素和半纤维素或木质素分子之间的结合主要依赖于氢键，半纤维素和木质素之间除氢键外还存在化学键的结合，这些化学键的结合主要在半纤维素支链上的半乳糖基和阿拉伯糖基与木质素之间。另外，少数木材内部含有的一些低分子量抽提物和矿物质也会影响木材的物理与化学性能。

1.2.1　纤维素

通常情况下，木材中纤维素的含量为 40%～50%。纤维素是一种重要的多糖，它是植物细胞支撑物质的材料，是自然界最丰富的生物质资源。如图 1.3 所示，

纤维素的结构为 β-D-吡喃葡萄糖单元经 β-（C1，C4）苷键连接而成的直链多聚体，其结构中没有分支。纤维素的简单分子式为$(C_6H_{10}O_5)_n$。简单说来，纤维素由纯的脱水 D-葡萄糖的重复单元组成，这种重复单元为纤维二糖（图 1.3）。纤维素中碳、氢、氧三种元素的比例分别是 44.44%、6.17%和 49.39%。一般认为，纤维素分子由 8000～12000 个葡萄糖残基组成。

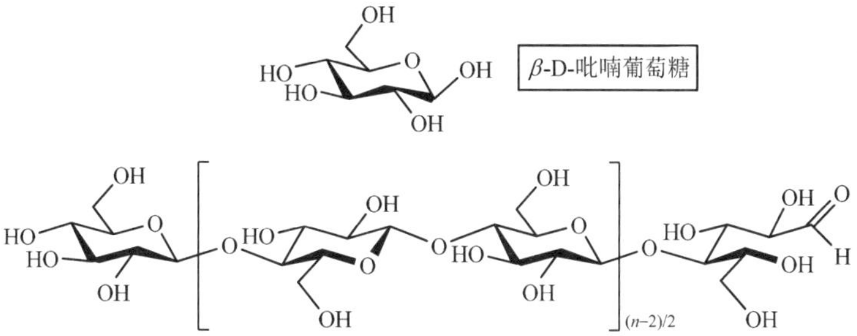

图 1.3　纤维素结构

纤维素作为一种高分子化合物，特点就是分子量大，内聚力大，在体系中运动比较困难，从而导致它不能及时在溶剂中分散。因此，纤维素在溶剂中溶解所得到的溶液不是真的纤维素溶液，而是由纤维素和存在于液体中的组分形成的一种加成产物。纤维素在 300～375℃较小的温度范围内发生热分解。纤维素被加热至 200～280℃，着重于脱水生成脱水纤维素，随后形成木炭和气体产品。纤维素被加热至 280～340℃，得到更多易燃的挥发性产物，如焦油，在此过程中，最重要的中间产物是左旋葡萄糖。纤维素在 400℃以上可以形成芳环结构，与石墨结构相似。另外，纤维素在机械处理过程中能有效地吸收机械能，引起形态和微细结构的改变，表现出聚合度和结晶度下降、可吸收性明显提高等特性。

1.2.2　半纤维素

与纤维素全部由葡萄糖单元聚合而成不同，半纤维素是一种杂聚多糖，这些糖多是五碳糖和六碳糖，如图 1.4 所示，包括木糖、甘露糖、阿拉伯糖、鼠李糖和半乳糖等单糖单元。半纤维素比纤维素的分子小，只含有 500～3000 个单糖单元，在酸性环境下，半纤维素更易水解。半纤维素同时具有亲水性能，可以造成细胞壁润胀，赋予纤维弹性。在木材中，半纤维素的含量为 20%～30%。半纤维素结合在纤维素微纤维的表面，并且相互连接，这些纤维构成了坚硬的细胞相互连接的网络。

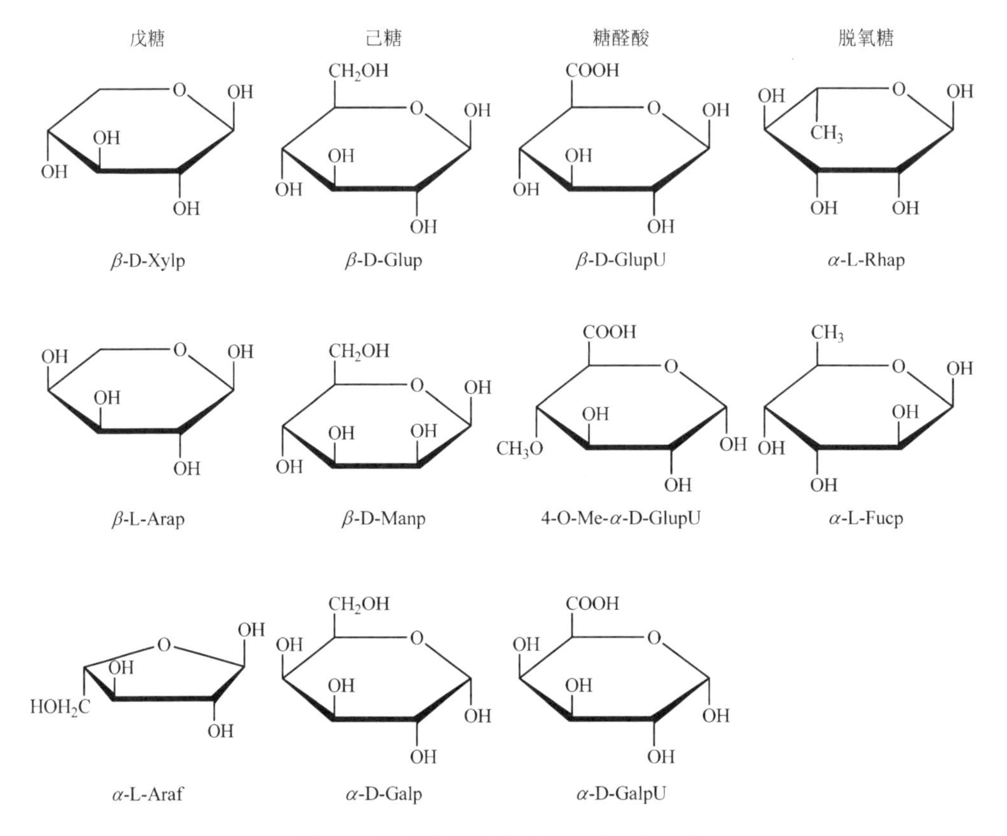

图 1.4 组成半纤维素主要糖原的结构式

1.2.3 木质素

木质素是总量仅次于纤维素的、最丰富的天然高分子有机物，木质素存在于所有维管植物（热带的桫椤除外）中，估算全世界每年可产 1400 亿 t。木质素碳含量高，蕴藏着丰富的化学能，主要分布于复合胞间层和次生壁，复合胞间层的浓度最高，而次生壁的含量最多。木质素在针叶材中主要以愈创木基丙烷的形式存在，在阔叶材中主要以愈创木基丙烷和紫丁香基丙烷的形式存在，而在禾本科植物中主要以愈创木基丙烷、紫丁香基丙烷和对羟基苯丙烷的形式存在。总的来说，构成木质素的三种基本结构单元是愈创木基丙烷、紫丁香基丙烷和对羟基苯丙烷单元，如图 1.5 所示。

木质素与纤维素、半纤维素一起构成了植物细胞的骨架，其作用主要是通过粘接糖聚组分物质来增强木质材料的机械强度。木质素的水解在制浆造纸的过程中是一个重要的反应，通过各种方式的碱性水解，木质素结构单元之间的连接断裂并溶解，从而与纤维素分离。

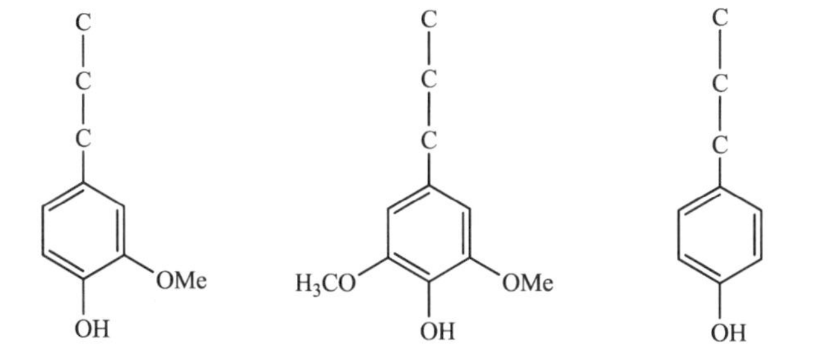

(a) 愈创木基丙烷单元　(b) 紫丁香基丙烷单元　(c) 对羟基苯丙烷单元

图 1.5　木质素的三种基本结构单元

木质素是一种无定形多酚聚合物，无确定的分子量，其分子结构中含有甲氧基、酚羟基、醇羟基、羧基、羰基和醛基等活性基团，因此它的应用范围非常广泛。利用木质素结构单元上的酚羟基和醛基的反应特性，将木质素加入苯酚和甲醛反应所得的甲阶酚醛树脂中，可以制备得到性能较好的胶黏剂。木质素的芳环和侧链上具有羟基，可看作一种多元醇，因此，可将木质素与环氧丙烷反应，得到丙氧基化木质素，增加醇羟基及带羟基侧链的柔软性，提高与异氰酸酯反应后合成聚氨酯产物的综合性能。木质素同样可以替代部分炭黑用来生产橡胶制品，木质素中的羟基可与橡胶中的电子云形成氢键，从而表现出良好的补强能力。目前，通过适当的改性方法和调整加工工艺，木质素在丁腈橡胶、天然橡胶、丁苯橡胶和溴化丁基橡胶等许多橡胶制品的应用中都已达到一定的水平。在实际应用过程中也已证明，由木质素增强的橡胶外胎的耐磨性能比用炭黑改性的标准轮胎提高 15%，且能增加轮胎中帘线与橡胶之间黏合的稳定性。

木质素及其衍生物与聚乙烯（polyethylene，PE）、聚丙烯（polypropylene，PP）、聚氯乙烯（polyvinyl chloride，PVC）、聚甲基丙烯酸甲酯（polymethyl methacrylate，PMMA）、聚乙烯醇（polyvinyl alcohol，PVA）和乙烯-醋酸乙烯酯共聚物等烯烃类聚合物共混改性，木质素除了发挥增强作用，还提高了材料的热稳定、抗紫外光降解等性能。必须指出的是，含有大量极性官能团的木质素与非极性的 PE 和 PP 之间的相容性不好，必须进行增容，而 PVC、PMMA 和 PVA 分子含有大量的极性基团，正好可以弥补和提高木质素之间的相容性。木质素上的羰基和羟基分别能与 PVC 的氢原子和氯原子之间产生较强的相互作用，有利于提高力学性能，而且其受阻酚结构影响，可以捕获自由基而终止链反应，从而增强材料的热稳定性和抗紫外光降解性。同时，根据木质素热塑性的特点，利用低分子量的聚酯或聚醚增塑可制备出力学性能优良的共混材料。将结构和拉伸行为与聚苯乙烯相似的烷基化牛皮纸木质素与脂肪族聚酯共混，组分间具有很好的相容性，木质素聚集形成扁球形超分子微区，聚酯作为增塑剂提高了伸长率。

木质素与热塑性天然高分子共混，有望开发出可完全生物降解的热塑性塑料。另外，可将木质素磺酸盐和牛皮纸木质素分别填充淀粉薄膜，木质素磺酸盐能与淀粉良好相容并具有一定的增塑作用；加入疏水性较强的牛皮纸木质素，除改善淀粉薄膜的力学性能外还提高了抗水性，其中小分子量组分也具有增塑剂的作用。木质素具有缓释性和螯合性，还可将其用于复合肥料和微量元素肥料的应用。另外，木质素还可以用来制备表面活性剂、化工基石、生物燃料或重金属吸附剂等。

木材在高温摩擦的作用下能够实现熔融焊接的原因正是木质素具有这些特性。因此，只要充分了解木材化学组分的主要特性，实现木材的有效焊接就不存在理论障碍。

1.2.4 抽提物

木材中除含有纤维素、半纤维素和木质素外，还含有一定数量的类型各异的抽提物。木材抽提物主要指用水、水蒸气与极性或非极性的有机溶剂从木材中抽取的化合物的总称，主要分为萜类、酚类和脂肪族类三类化合物，具体包括树脂、树胶、精油、色素、生物碱、脂肪、蜡、糖、淀粉和硅化物等。抽提物往往大量地存在于树脂道、树胶道和边材薄壁细胞中。抽提物种类繁多，因树木的种类不同而差异较大，有些抽提物是各科、属、亚属等特有的化学物质，也可以作为某一种特定树种分类的化学依据。木材抽提物含量和化学组分因产地、具体部位、采伐季节、存放时间、抽提方式的不同而有差异。木材抽提物的含量一般占木材绝干重量的 2%～5%。抽提物往往会对木材的颜色、气味产生影响，如云杉洁白如雪、马木漆黑如墨、檀香木散发檀香等。木材抽提物一般不会对木材本身的力学性能产生较大影响，但是部分抽提物对人体有一定的药物和保健作用，抽提物中所包含的色素能吸收太阳光中的紫外线，提高木材表面抗紫外光降解能力。抽提物的含量会影响木材的油漆和涂饰效果，含树脂和树胶较多的木材其耐磨性也较高。

1.3 木材热降解性能

木材在使用过程中的各个环节均会影响木材的热降解，如干燥、热处理、纸浆纤维和木材燃料制备等。温度会影响木材的物理、化学和结构性能。通常情况下，温度是影响木材热降解的主要因素，除此之外，其他参数，如时间、气氛条件、大气压力、水的含量及存在形式均会影响木材的热降解。在这些条件的影响下，木材的热降解可能从 100℃开始。图 1.6 描述了水青冈木材干燥过程中其重量的变化情况，当温度在 200℃时，木材的重量已经降低了 10%，木材的碳含量已经开始增加；当温度从 200℃提高到 350℃的时候，木材的重量呈急剧下降趋势，总的重量损失超过 60%，碳含量同时提高至 65%。通过综合分析得出，木材的热解温度通常开始于 270℃。

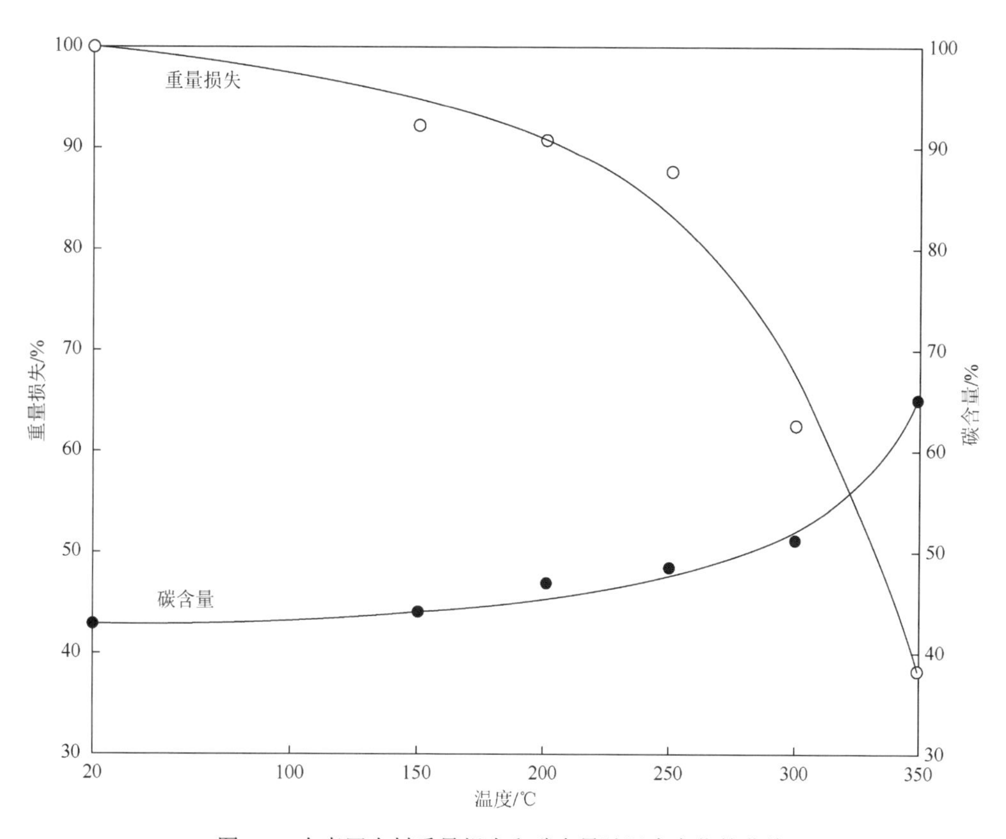

图 1.6　水青冈木材重量损失和碳含量随温度变化的曲线

1.3.1　木材的玻璃化转变温度

无定形（或半结晶）聚合物的玻璃化转变温度是玻璃态（硬的或脆的）和橡胶态的界限。材料从玻璃态到橡胶态的过渡导致弹性模量的下降和伸长率的增加。这种可延展性起源于分子的热活化，起到降低分子间内聚力的作用。由于共价键（C—C 键和 C—O 键）的旋转，允许大振幅的分子运动，水的存在使得木材组分可以获得橡胶态而不降解，图 1.7（a）和（b）分别显示了木材的玻璃化转变温度与水分含量的函数和半纤维素、木质素基质的玻璃化转变温度与相对湿度的函数。

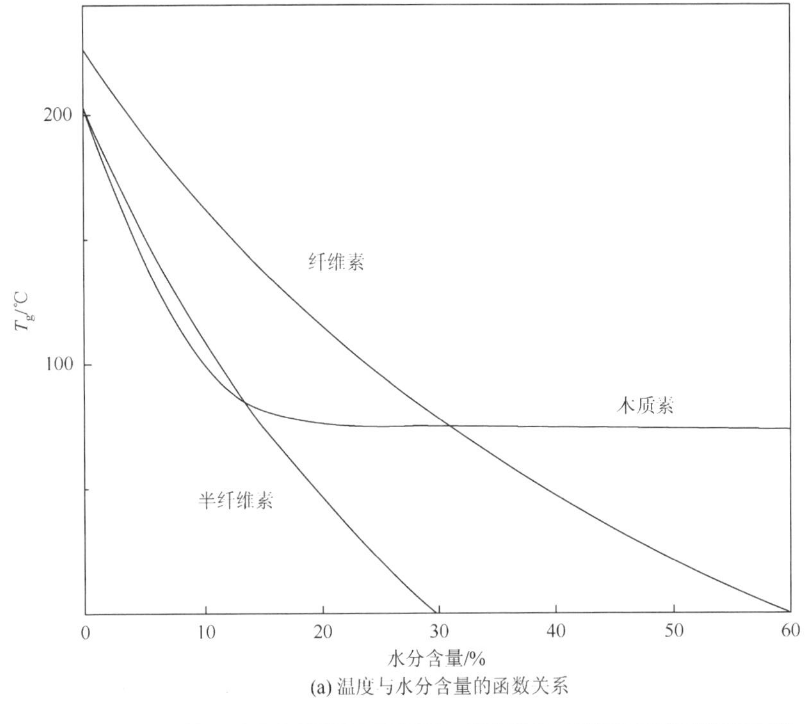

(a) 温度与水分含量的函数关系

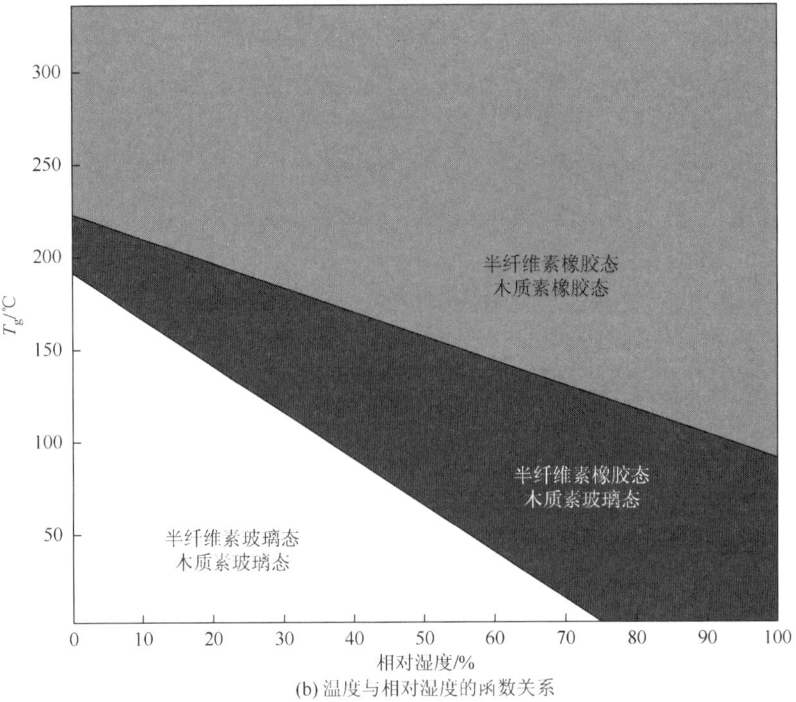

(b) 温度与相对湿度的函数关系

图 1.7　玻璃化转变温度

在无水条件下，纤维素的玻璃化转变温度为 200～250℃，半纤维素的玻璃化转变温度为 150～220℃，木质素的玻璃化转变温度则为 140～210℃，玻璃化转变温度主要取决于木材种类与生长条件。对于相对湿度较高的条件，木质素具有更高的玻璃化转变温度，像增塑剂一样，H_2O 分子通过减少亲水聚合物中大分子之间的相互作用力而起作用。

结晶纤维素和半纤维素具有许多羟基，并且是亲水性的，饱和时玻璃化转变温度低于室温。然而，木质素则含有较少的羟基，水在饱和条件下对玻璃化转变温度没有太大影响，玻璃化转变温度在 85℃左右就达到平衡了。由于存在多个氢桥键，结晶纤维素的稳定结构使水不能渗透其晶体网络。

从 280℃开始，热解破坏半纤维素链，并改性木质素，因此，通过热解产生的半纤维素副产物在木质素链上凝聚并聚合。这些反应形成了一种新的更疏水、更坚硬的伪木质素。在 300℃时，水被去除，纤维素和半纤维素的聚合度降低，产生游离的羰基、羧基和氢过氧化物自由基，同时产生 CO、CO_2 和木炭。

总的来说，木材是一种天然高分子材料，其主要成分为纤维素、半纤维素和木质素。纤维素受热比较稳定，半纤维素受热会发生热解，木质素受热则会软化。木材这些主要组分的受热变化特性为木材焊接提供理论基础。

1.3.2　化学变化

通过加热，木材成分的分解伴随着解吸水分子的发生。当温度达到 140℃时，挥发性萃取物和游离水会损失，超过这个温度，细胞壁表面的细胞破裂，形成由半纤维素、甲酸、甲醇和 CO_2 衍生而成的乙酸。蒸发过程导致—OH 的含量降低，CO 和 CO_2 的含量随温度升高而升高，在 270℃左右，动力学反应的显著变化引起放热反应。

在热处理的初级阶段，结晶度的增加明显与 α 纤维相关分子重新定向有关。长时间暴露会导致纤维素的热分解，同时会伴随着纤维素结晶度的下降，该种现象是异质的。有时候，无水纤维素在 300℃条件下分别处理 1h 和 30min 后没有任何变化，这种现象可能由蒸汽效应所导致。

第 2 章　木材胶接理论及方法

在我国，木材与胶黏剂的结合早在 3000 年前就有应用，从那时起，胶水就广泛用于粘贴纸和木材，这也是其主要应用之一。胶黏剂根据其用途进行配制和分类，包括结构用合成树脂胶黏剂、弹性体胶黏剂、热塑性胶黏剂和生物质胶黏剂等。最大的胶黏剂消费市场是木制品生产制造领域，主要包括人造板生产、木结构用胶合层压材、指接材和木质家具等生产领域。

2.1　胶 接 理 论

通常来说，木材和木材通过胶黏剂粘接在一起的过程分为三个阶段：表面的制备、胶黏剂与胶合对象表面的接触以及胶黏剂的固化。因此，木制品界面胶接理论的发展需要流变学、有机化学、聚合物化学和材料学等方面的知识。虽然胶接技术有几千年的历史，是一门传统而古老的技术，但是胶接理论的研究和确立却是近百年来才开始的。经过多年的发展，胶接理论才逐渐形成，成为人们所认知的学科，并形成胶接理论的共识，主要的胶接理论有机械胶接理论、吸附理论、化学键理论、扩散理论和静电理论。

2.1.1　机械胶接理论

从物理、化学观点看，机械作用并不是产生胶接力的因素，而是增加胶接效果的一种方法。胶黏剂渗透到被胶接物表面的缝隙或凹凸之处，固化后在界面区产生了啮合力，这些情况类似钉子与木材的结合或树根植入泥土的作用。木材是多孔性材料，表面存在大量的纹孔和暴露在外的细胞腔，使得胶黏剂容易形成胶钉作用力，因此机械胶接理论对木材这种多孔性胶接材料显得尤为重要。

2.1.2　吸附理论

吸附理论认为：胶接作用是胶黏剂分子与被胶接物分子在界面层上相互吸附

产生的。胶接作用是物理吸附和化学吸附共同作用的结果，而物理吸附则是胶接作用的普遍性原因。吸附理论特别强调胶接力与胶黏剂极性的关系，认为被胶接物和胶黏剂都是极性的情况下，胶合制品才有良好的胶接性能。但是，如果胶黏剂的极性太高，有时候会严重妨碍湿润过程的进行，从而降低胶接力。另外，分子间作用力是提供胶接力的因素，但不是唯一因素，在某些特殊情况下，其他因素也能起主导作用。

人们把固体对胶黏剂的吸附看作胶接主要原因的理论称为胶接的吸附理论。胶接的吸附理论认为：胶接力的主要来源是胶接体系的分子间作用力，即范德瓦耳斯力和氢键力。胶黏剂分子与被胶接物表面分子的作用包括两个过程：第一阶段是液体胶黏剂分子借助布朗运动向被胶接物表面扩散，使两界面的极性基团或链节相互靠近，在此过程中，升温、施加接触压力和降低胶黏剂黏度等都有利于布朗运动的加强；第二阶段是吸附力的产生，当胶黏剂与被胶接物分子间的距离达到 10^{-5}Å（1Å = 10^{-10}m）时，界面分子之间便产生相互吸引力，使分子间的距离进一步缩短，以期达到最大的稳定状态。

根据计算，由于范德瓦耳斯力的作用，当两个理想的平面相距为 10Å 时，它们之间的引力强度可达 10～1000MPa；当距离为 3～4Å 时，引力强度可达 100～1000MPa。这个数值远远超过现代最好的结构胶黏剂所能达到的胶接强度。因此，有理论认为只要当两个物体接触很好时，即胶黏剂对胶接界面充分润湿，达到理想状态的情况下，仅色散力的作用就足以产生很高的胶接强度。但是，实际胶接强度与理论计算相差很大，这是因为固体的机械强度是一种力学性质，而不是分子性质，其大小取决于材料的每一个局部性质，而不是简单等同于分子作用力的总和。

2.1.3　化学键理论

化学键理论认为胶黏剂与被胶接物分子之间除相互作用力外，有时还有化学键产生，这些化学键包括离子键、共价键和金属键，在胶接体系中主要是离子键和共价键。化学键的强度比分子间的范德瓦耳斯力高得多。化学键形成不仅可以提高胶接强度，还可以克服胶接接头破坏的弊病。化学键的形成必须满足一定的量子化条件，所以胶黏剂与被胶接物之间的接触点不可能都形成化学键，况且，单位黏附界面上化学键数要比分子间作用力的数目少得多，因此，胶接强度来自分子间的作用力是不可忽视的。

化学键胶接现象为许多例子所证实，如硫化橡胶与镀铜金属的胶接界面，偶联剂对胶接的作用，异氰酸酯对金属、木材、皮革和橡胶的胶接界面，铝、铜、不锈钢、铂等金属表面从溶液中吸附酚醛树脂时均产生化学键连接。

2.1.4 扩散理论

两种聚合物在具有相容性的前提下相互紧密接触时，由于分子的布朗运动或高分子链段越过界面产生相互扩散现象，称为扩散理论。这种扩散现象是穿越胶黏剂、被胶接物的界面交织进行的，扩散的结果导致界面的消失和过渡区的产生，从而形成牢固的接头。高聚物的扩散胶接可分为自黏合和互黏两种，前者指同种分子间的扩散胶接，后者指不同类型分子间的扩散胶接。扩散理论认为高分子化合物之间的胶接作用与它们的互溶特性相关，当它们的极性相似时，有利于互溶扩散。因此，极性与极性、非极性和非极性聚合物之间都具有较高的黏附力。

2.1.5 静电理论

当胶黏剂和被胶接物体系是一种电子的接受体-供给体的组合形式时，电子会从供给体（如金属）转移到接受体（如聚合物），在界面区两侧形成双电层，从而产生静电引力。在干燥环境中从金属表面快速剥离胶接层时，可用仪器或肉眼观察到放电的光、声现象，证实了静电作用的存在，但静电作用仅存在于能够形成双电层的胶接体系中，因此不具有普遍性。此外，有些学者指出：双电层中的电荷密度必须达到 10^{21} 个/cm^2 时，静电吸引力才能对胶接强度产生较明显的影响。而双电层电荷密度最多只有 10^9～10^{19} 个/cm^2。因此，静电力虽然确实在某些胶接体系中存在，但不起主导作用。另外，静电理论还无法解释用炭黑作为填料的胶黏剂和导电胶以及由两种以上互溶的高聚物构成的胶接体系的胶接现象。

在黏合多孔性材料、纸张、织物等材料时，机械连接力至关重要，但对某些坚实而光滑的表面，如金属和玻璃等，这种作用并不显著。上述胶接理论考虑的基本点都与胶黏剂的分子结构和被胶接物的表面结构以及它们之间的相互作用力相关。

总地来说，机械胶接理论不能解释非多孔性材料，如表面光滑的玻璃等物体的胶接现象，也无法解释材料表面化学性能的变化对胶接作用的影响。吸附理论能把胶接现象与分子间作用力联系在一起，在一定范围内解释了胶接现象，但也存在不足，它不能完满地解释胶黏剂与被胶接物之间的胶接力大于胶黏剂本身的强度这一事实。另外，吸附理论还不能解释胶接力与剥离速度有关这一事实。静电理论并未经过严格的证明，静电效应在相应的体系中对胶接强度的贡献至今未获得定量结果，因此，静电理论有待进一步探索研究。虽然化学键理论为许多事实所证明，在相应领域中的应用也是成功的，但是它无法解释大多数不发生化学反应的胶接现象。扩散理论不能解释聚合物材料与金属、玻璃或其他硬体材料的胶接，因为聚合物很难向这类材料扩散。这也证明了胶接是一个十分复杂的过程，胶接强度不仅取决于被胶接物的性质、胶黏剂的分子结构和配方设计，而且取决于被胶接物表面处理及操作工艺，同时，周围环境介质也对其有一定的影响。

2.2　胶接过程

胶接材料胶接强度的产生分为如下五个主要步骤：胶液流动、胶液传递、胶液渗透、胶液润湿和胶液固化。

1）胶液流动

胶液流动指的是液体胶黏剂在基材外部表面的铺平和展开，胶黏剂流动后填满被胶接面的空隙，胶黏剂的流动性与涂胶时间、操作温度、胶黏剂的组分以及树脂分子量等因素有密切关系。

2）胶液传递

胶液传递是指木材组件涂胶装配时导致的液体胶黏剂向相邻层木材表面的转移。

3）胶液渗透

胶液渗透指的是在压力的作用下，胶黏剂依靠毛细管作用而渗入木材细胞腔中的现象，如图 2.1 所示。木材属于多孔性材料，增加胶层和被胶接材间的接触

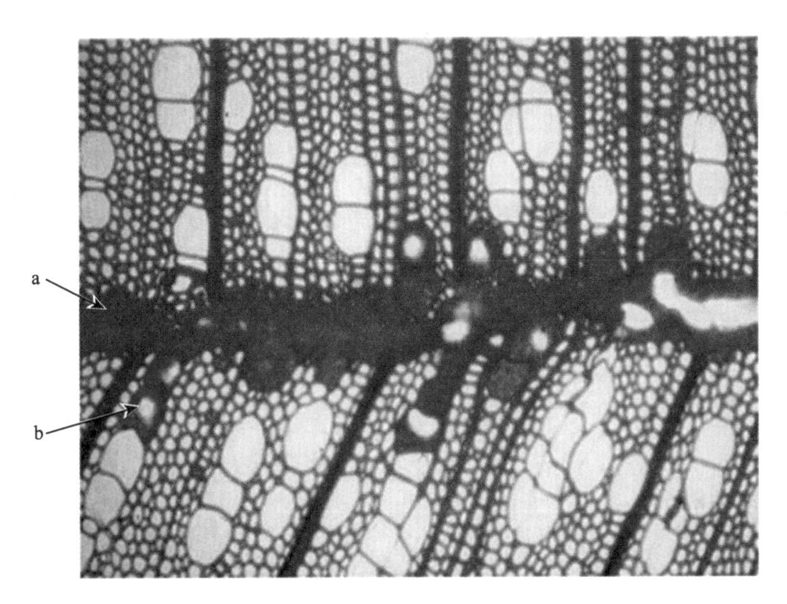

图 2.1　白桦弦切面胶接时胶黏剂的渗透情况（端面切片）

a. 胶层；b. 进入导管中的胶黏剂

面积有助于提高胶接强度，而增加粘接面积可由提高胶黏剂的渗透程度来完成。胶黏剂固化过程中施加的压力有利于胶黏剂对木材充分浸润，特别是对于黏度较大的胶黏剂，固化过程中应该施加较大的压力，这样有利于胶黏剂分子对木材的渗透和浸润。

当胶液渗入木材表面的凹陷处时，胶液会像钉或锚那样产生抓锚效果，形成机械胶接。机械胶接是由胶液渗入木材表面敞开的管孔中形成的，胶接强度与胶液渗透到木材中的程度有关。胶接时，胶液应能浸润木材细胞的孔壁并排除微孔内的空气。胶黏剂渗入木材细胞中的孔隙，固化后形成“镶嵌”“啮合”，才可获得较高的胶接强度。胶液能够渗入木材细胞的孔隙内是木材机械胶接的关键之一。

4）胶液润湿

胶液润湿可以使胶黏剂与被胶接面充分接触，这样才能产生更大的胶接作用力。润湿不仅发生在木材外部表面，它对液体胶黏剂沿细胞壁的运动也有帮助。胶黏剂在固化过程中施加的压力有利于胶黏剂对被胶接物的充分润湿，特别对黏度较大的胶黏剂的固化过程中应该施加更大的压力，有利于胶黏剂分子与被胶接物表面紧密接触。胶黏剂在流动润湿的同时，产生扩散和吸附作用。

5）胶液固化

最后发生的过程即胶液固化。在固化过程中形成各种吸附作用，以此产生最主要的胶接作用。分析得出，固化过程中存在的最大问题是易产生内应力，胶黏剂在溶剂蒸发、聚合和缩合等过程中，体积收缩产生收缩应力，同时胶层与被胶接物之间因膨胀系数不同，受热或冷却会产生内应力。体系中的内应力可随着胶黏剂分子的蠕动而减小，在胶层分子蠕动不足的情况下，体系内始终存在内应力。由于内应力容易引起胶接面剥离，并使胶接强度显著降低，在具体操作过程中，可采取往胶黏剂中适当加入增塑剂和填料等方法来缓解这种残余应力。

总之，胶接强度的形成是一个非常复杂的过程，简单地说，胶接强度主要是由胶黏剂在被胶接材料表面上的浸润和黏附而形成的。黏附是由胶黏剂和被胶接材料在界面上的机械连接力、分子间作用力和个别化学键力所形成的。

2.3　胶接破坏形式

胶接产品胶合性能分析的主要方法是进行理化指标检测，检测方法有无损检测和有损检测，其中有损检测是主要使用的方法，国家标准也采用该方法对胶接产品进行衡量、评估。从胶接体系结构来分析，胶接破坏呈现如下四种情况。

2.3.1　被胶接物破坏

在该破坏断面上，看不见胶层，只能看见木材，这种破坏称为被胶接物破坏。这种情况发生在无论胶黏剂的内聚力还是木材和胶黏剂之间的结合力都比木材本身的强度高的时候。该破坏前提下，最弱的环节是木材强度，木材发生破坏，因此，可认为这种破坏是最好的胶接类型，这种情况常称为木材破坏率100%。但实际上，这种破坏情况和其他形式往往混在一起，在多数情况下，胶层和胶接面都能看到一些。木材破坏面积与整个接头面积的百分比称为木材破坏率，木材破坏率常常与胶接强度一起用来评价胶接产品的胶接性能［图 2.2（a)］。

2.3.2　界面破坏

胶黏剂层全部与被胶接材料表面分开（胶接界面完整脱离），在破坏面的一面可见胶层，但另一面看不见胶层，这种情况发生在木材与胶黏剂的表面之间，此时木材和胶黏剂之间的附着力最小，这种破坏的主要原因是被胶接材料的可黏性差。弱界面层理论认为，完全的胶接界面破坏是不存在的，实际上总是伴随着被胶接物或胶黏剂的表面层的破坏。实验证明，在发生界面破坏的被胶接物的表面上，即使肉眼看不到胶黏剂的残留物，但用显微镜或精密仪器观察，总能检测到残留物，此时的破坏强度不仅与胶黏剂和被胶接物的表面强度有关，也与胶黏剂和被胶接物间的胶接强度有关［图 2.2（b)］。

2.3.3　内聚力破坏

破坏发生在胶黏剂或被胶接体本身，而不在胶接界面间。100%的内聚力破坏是胶黏剂或被胶接材料理想的破坏形式，因为这种破坏在材料胶接时能获得最大强度。当破坏是内聚力破坏时，应尽量提高胶黏剂的内聚强度或换用内聚强度比较高的胶黏剂，以便充分发挥被胶接材料的性能［图 2.2（c)］。

2.3.4　混合破坏

被胶接物和胶黏剂层本身都有部分破坏或两者中只有其一，这些破坏说明胶接强度不仅与胶黏剂和被胶接物之间的作用力有关，也与聚合物黏料分子之间的作用力有关。高聚物分子的化学结构及聚集态都强烈地影响胶接强度，研究胶黏剂基料的分子结构，对设计、合成和选用胶黏剂都十分重要［图 2.2（d)］。

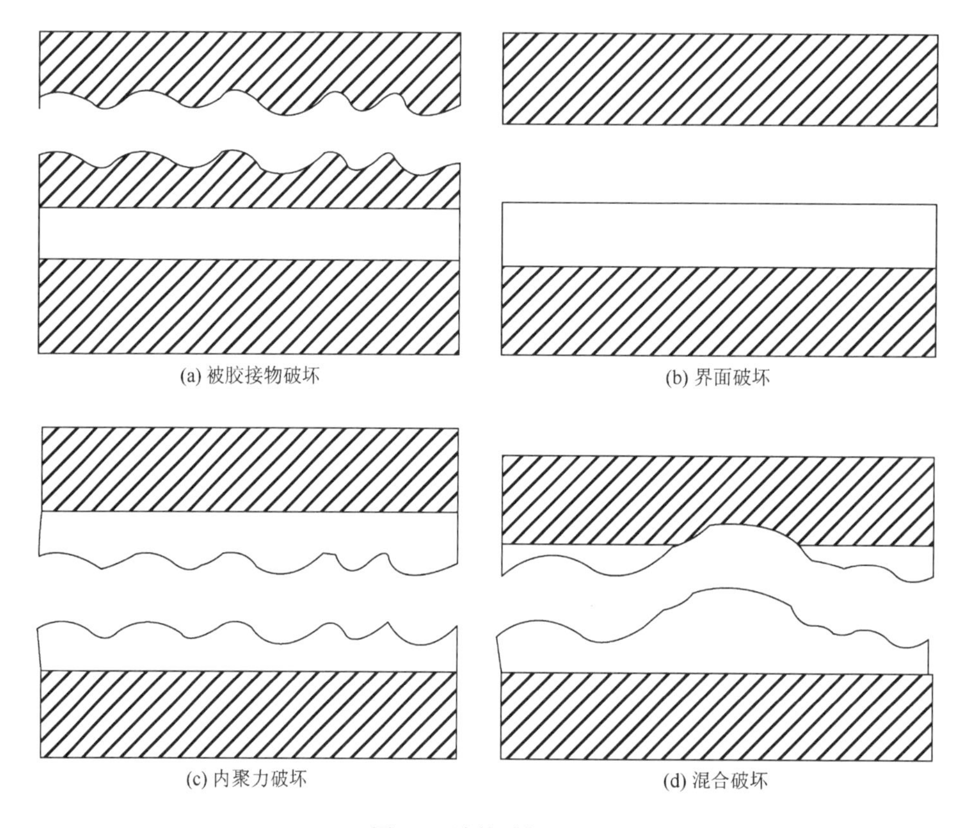

图 2.2　胶接破坏形式

对于上述破坏类型，在实际工作中，都力争达到木材破坏，而避免界面破坏的发生。由于界面破坏的主要原因是被胶接材料的可黏性差，当界面破坏发生时，可采用机械方法和化学方法对被胶接木材进行处理以提高木材和胶黏剂之间的可黏性，常用的方法如下。

1）被胶接材料表面机械处理

机械处理有利于表面洁净，并形成一定的粗糙度。胶接前在木材表面轻微地砂光或刨光是一种快速、经济和有效地移走各种类型表面污染物的方法。经砂磨的木材表面润湿性显著增加，这是由于砂磨使木材表面积增加、表面粗糙度降低或者是由于除去了表面积聚的抽提物和其他污染物。另有学者认为，木材表面经砂磨后不仅能去除表面积聚的抽提物和其他污染物，更重要的是被胶接材料表面能产生机械自由基，这些机械自由基中的一部分与氧反应后生成以羰基为主的含氧官能团，这些经砂磨后产生的自由基和随后生成的含氧官能团在木材表面的增加将提高木材表面的反应活性。砂磨对木材表面化学组分变化和表面自由能变化有显著影响，砂磨处理后的木材表面纤维与组织被撕裂，木材表面受到机械损伤，木材表面的自由能与极性明显提高，从而导致表面润湿性增加。也有学者认为，胶接前对木材表面进行刨光比砂光对胶接强度的提高更有效。对木材表面轻微刨光不但可移走表面污染物，而且可以暴露出具有很强极性的细胞壁的次生壁 S2 层，这对胶接是非常有利的。

2）被胶接材料表面活化处理

除了用机械方法处理木材表面，采用其他处理方法使木材表面活化会产生高能量的表面，这更有利于木材胶接，因为高能量表面更有利于氢键和共价键的形成，这比低能量表面形成的范德瓦耳斯力有更大的胶接强度。目前已有许多活化木材表面的技术和方法。

（1）在胶接之前应用物理能量进行表面活化处理。电晕处理在改善木材表面性质方面已显示出很好的发展前景。电晕处理氧化及活化含树脂的木材表面，可以提高木材胶接能力的原因是，电晕处理会影响木材中苯醇抽提物，并氧化抽提物以产生醛基，但对木材表面主要组分的改性几乎没有影响。经电晕处理和未经电晕处理的木材试样吸收碱性颜料有着相同的着色程度。电晕处理可导致木材表面自由能增加，接触角减小，因此可以提高木材的润湿性。连续放电改善木材胶接性能的最佳处理工艺为：放电量为 0.533kW/(min·m^2)，处理速度为 1.5m^2/min，一次电流为 4A。连续放电处理后木材的润湿性和胶接性能随着处理程度的增加而增加，表面自由能也随处理程度的增加而增加。

除电晕处理以外，微波等离子体也是一种有效的处理方法，微波等离子体处理木、竹、秸秆等材料表面后，材料表面对液体的接触角明显减小，即使处理条件十分微弱，处理效果仍然明显。微波等离子体处理使被胶接材料的表面形成粗化面，也可称为表面刻蚀，粗化面的形成可能是材料表面接触角减小、润湿性提高的原因之一。

另外，火焰处理也能对木材表面进行活化，其原理是由火焰提供的热量可促进氧化反应，从而提高木材表面的润湿性和胶接性能。用化学分析电子能谱（electron spectroscopy for chemical analysis，ESCA）分析火焰处理木材表面的效果，其结果表明：经火焰处理，木材表面发生相当程度的氧化，松木表面氧和碳的比例由处理前的 0.24 提高到处理后的 0.57。对谱峰处理后的结果表明：氧化主要导致羟基基团（和酯）的形成，在某种程度上也导致羰基基团的形成。火焰处理除了可提高胶接性能，还有减少微生物活动和杀菌的效果，这对室外用人造板的制备特别有利。

（2）直接用化学药剂对木材表面进行活化处理。国内外常用的氧化剂为 H_2O_2、HNO_3、NaOH、NH_4Cl 和 10%的氨水溶液，并常与一些可再生物质如硫酸盐木质素结合起来使用，处理的木材能获得较好的表面改善性能。NaOH 溶液或中性有机溶剂去除表面污染物是一种改善胶接性能非常有效的方法。抽提物和其他污染物（如防腐剂和防火剂）引起的 pH 的降低也可以通过在木材表面使用适量的 NaOH 溶液进行处理而得到改善。H_2O_2、HNO_3 和 NaOH 等化学药剂处理不仅能改善锯材的胶接性能，还可以改善刨花板用刨花的表面性能，从而明显提高酚醛树脂（phenol-formaldehyde resin，PF）胶黏剂刨花板的静曲强度和弹性模量。

3）去除松脂

去除松脂的方法很多，有物理处理法（如蒸汽干燥法、红外线照射法等）、化学处理法（如药液处理法）、综合处理法等多种形式。把难胶接的木材，如龙脑香属木材，在 100℃的热水中煮沸 24h，就会抽提出占木材重量 5%～8%的水溶性树胶成分，而对胶接性能良好的柳桉等木材在相同条件下煮沸，抽提成分只占 0.1%～0.2%，也可以在水或碱水里加入表面活性剂进行蒸煮，但这需要花费很多时间和费用，在实际应用中存在一定难度。国内学者李坚教授在研究落叶松刨切薄木蒸煮工艺时认为，蒸煮工艺应抓住松脂的排出、应力缓解和材质软化这三个主要矛盾，制订落叶松刨切薄木蒸煮工艺，研究获得最佳的蒸煮工艺为：保温温度 95℃，保温时间 15h，升温速度 4℃/h。

表面抽提物的含量是影响胶接强度的主要因素，抽提物主要影响胶黏剂的渗透及参与胶接的纤维素的数量。抽提物对南方红栎和白栎胶接性能的影响实验结果表明：把单板浸在 1%NaOH 溶液中可以明显提高胶接强度。特殊溶剂的加入也可去除木材表面抽提物，试件的胶接强度明显得到提高。研究同时得出，胶接对象的润湿性与脲醛树脂（urea-formaldehyde resin，UF）胶黏剂的胶接强度呈正相关关系，而对间苯二酚胶的胶接强度则没有直接相关关系。

4）金属粉末或金属化合物处理

有学者认为，只要把难胶接木材中含有的（特别是在胶接界面附近存在的）水溶性树胶成分变成不溶于水的成分，就能确保胶接强度。研究结果表明，碱金属、铝金属、稀土金属、金属氧化物（如氧化铁、氧化亚铁、氧化铝、氧化亚铅、氧化锑）、硫酸铁、硫酸铝、硫酸亚铅等某些金属及其金属化合物，可以满足这种需求。把上述金属粉末或金属化合物单独或两种以上混合在一起，在调胶时与固化剂、填充剂等一起加入胶黏剂里混合均匀即可，使用时加入量为胶黏剂重量的 1%左右。但是，上述金属粉末或金属化合物把难胶接木材中含有的水溶性树胶成分变成不溶性成分的机理尚不明确，推测可能是螯合反应的结果。在选择改善界面黏附力的方法时，要综合考虑处理效果、设备投资、环保卫生、操作安全等多方面因素。

总之，理想的胶接破坏部位应发生在木材的木质部，即木材自身的强度小于或等于胶层的强度以及胶黏剂层和木材的界面强度。只有在这种情况下，才能说明木材和胶黏剂间的搭配使用是最合适的，组成的木材-胶黏剂-木材的胶接结构才是最理想的。

第3章　木材焊接的意义

3.1　保留木材的天然外观

木材的天然色泽给人以舒适、自然、返璞归真的感觉，在木制品制备过程中，如果能保留木材的天然纹理和表面性能，将显著提高商品的价值。木材焊接技术并没有利用外部辅助连接件来重组木材，也不会像部分胶合制品一样有胶线、胶斑的出现，完全是纯天然木材的色泽，而且避免了木材锈蚀现象，维持木材的天然外观。

3.2　提高木制品的力学性能

通过专用设备对木材进行焊接，在合理焊接工艺的指导下，木材焊接产品的机械强度高于木材自身强度，木材破坏率高达95%以上。

3.3　提高生产效率

与常规使用的胶黏剂、金属五金件连接方式相比，木材焊接的工作效率非常高，整个木材焊接过程仅需几秒即可完成，如果使用聚乙酸乙烯酯（polyvinyl acetate，PVAc）胶和木榫来胶接，胶黏剂固化需要较长时间，通常需要几小时，甚至几天的时间来实现胶黏剂完全固化。

3.4　焊接后的木制品易回收

无论线性摩擦焊接还是旋转焊接，焊接产品都只是木材与木材之间的结合，并没有胶黏剂、金属等其他连接件辅料的加入。因此，木材焊接产品回收起来相对容易，方法简单，成本较低，重复利用率非常高。

3.5　有效保护环境

木材焊接使用的是木材自身原料，不会像使用金属螺钉连接那样因生锈而腐蚀木材，也不会像胶黏剂黏合的复合板材那样给环境造成压力，整个焊接过程属于“绿色”加工，对环境没有造成任何危害，焊接产生烟气的主要成分为水蒸气、CO_2、碳水化合物、萜烯类化合物等，中间无甲醛、CO 等有害气体，焊接过程和使用过程均不会释放有害物质。

第4章　木材焊接的种类

焊接，也称熔接、镕接，传统意义上的焊接是一种以加热、高温或者高压的方式接合金属或其他热塑性材料如塑料的制造工艺及技术。常规的焊接有金属焊接和塑料焊接，焊接的能量来源主要包括气体焰、电弧、激光、电子束摩擦和超声波等。焊接技术使用方便，可以适应不同的工作场合，除了在工厂中使用，还可以在野外、水下和太空中操作。从总的焊接分类来看，焊接技术可分为：①外部热源导入技术，具体包括热板、热棒、脉冲、热气体、挤出或者无闪光焊接；②电磁技术，具体包括感应、高频、激光、红外和微波技术焊接；③机械运动发热技术，具体包括振动、线性摩擦、旋转焊接等。

木材焊接是在焊接技术已经相当成熟的条件下出现的，通常情况下也称为焊接木材。焊接木材这个名词最早出现于 1993 年，瑞士伯尔尼应用科技大学的建筑、森林与土木工程系的研究者设计了一套木材的组装技术，即在没有使用任何胶黏剂的前提下，通过摩擦生热，熔融木质素和半纤维素等热塑性材料，在界面层形成交联网状结构，冷却固化后，成功实现了木材的有效结合——“木材焊接”。这项技术被认为是传统胶黏剂的潜在替代品，因为该项技术的优点是可以将两个甚至多个材料在没有胶黏剂和机械捆绑的前提下实现快速胶接。

根据焊接方式来划分，木材焊接技术应归属于机械运动发热技术焊接。发展至今，木材焊接可分为线性摩擦焊接、轨道摩擦焊接、圆形摩擦焊接和旋转焊接，如图 4.1 所示。当然，超声波木材焊接、摩擦搅拌焊接（图 4.2）[1]和激光木材焊接也可应用于此领域，但是由于成本较高、加工尺寸受限等未得到较好发展。本书将着重介绍木材焊接中的线性摩擦焊接和旋转焊接[2]，如图 4.3 所示。

Sutthof 等在 1996 年申请了实木焊接的发明专利，第一次将两块实木在没有添加任何填充材料的前提下实现高效焊接。另外，他们还利用旋转焊接的方式将两块木材牢牢地焊接在一起，主要原理是利用高速旋转的木榫在一定的压力作用下插入预先钻有孔的两块木材中，将其牢固地结合在一起，故名旋转焊接，就此，他们获得了两项发明专利授权。1997 年，瑞士的 SWOOD 研究团队真正实现了木材焊接技术在锯材工业的实际研究和应用。1999 年，SWOOD 又相继对振动和旋转的木材焊接技术进行研究，事实上，研究已经拓展到了超声技术领域，他们利用超声技术进行木材焊接，但由于成本太高最终没有实现应用。自

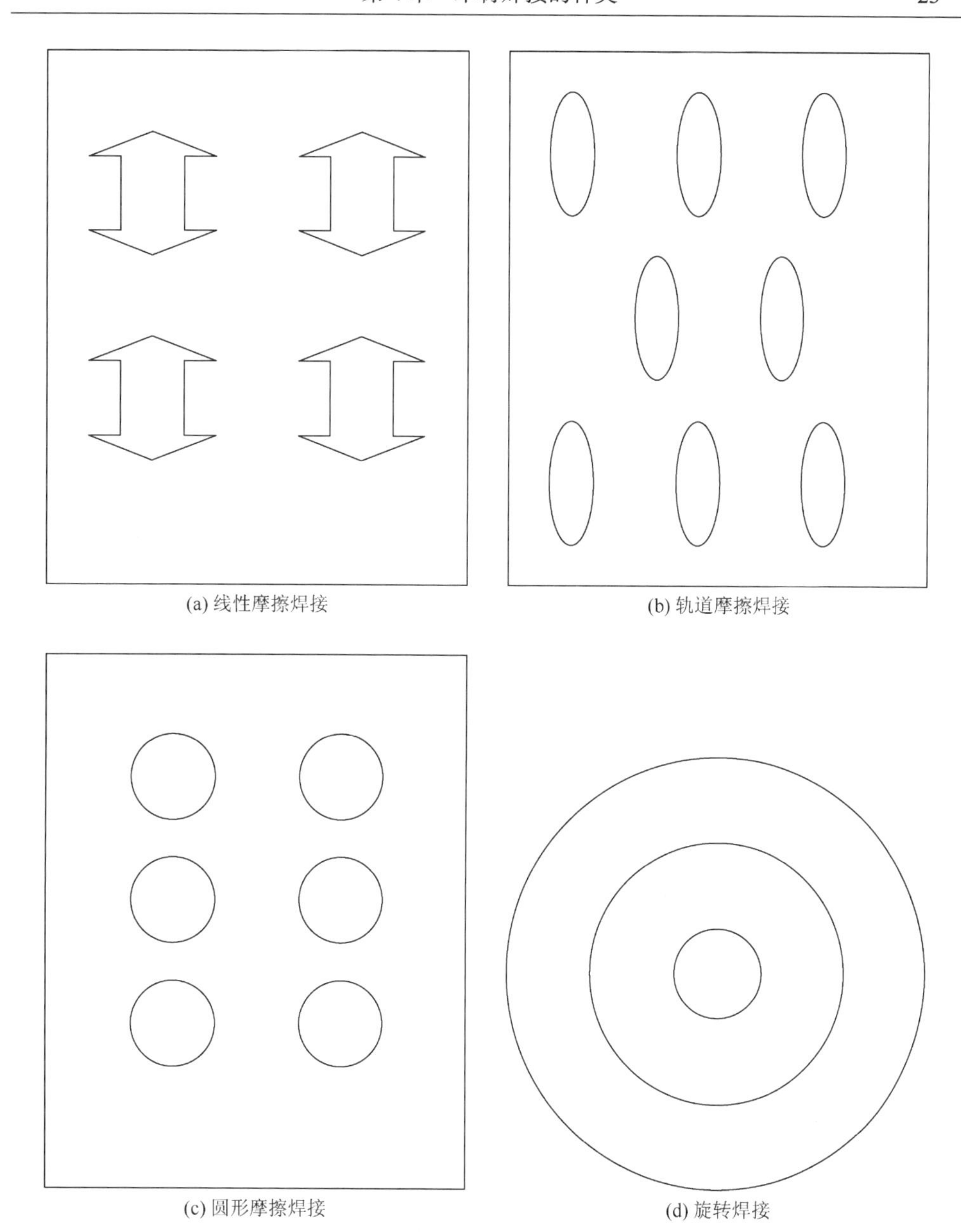

(a) 线性摩擦焊接　(b) 轨道摩擦焊接

(c) 圆形摩擦焊接　(d) 旋转焊接

图 4.1　不同类型的机械运动发热技术焊接方式

2000 年后，瑞士联邦理工学院洛桑分校（Ecole Polytechnique Federal de Lausanne，EPFL）、法国洛林大学、法国农业科学研究院（L’Institut National de la Recherché Agronomique，INRA）及德国慕尼黑大学等研究机构相继加入木材焊接的研究队伍中，并对该项技术的发展和革新作出了重要贡献。2002 年，瑞士伯尔尼应用科技大学首次尝试将线性摩擦焊接应用于木材焊接中。2003 年，法国的 Pizzi 教授

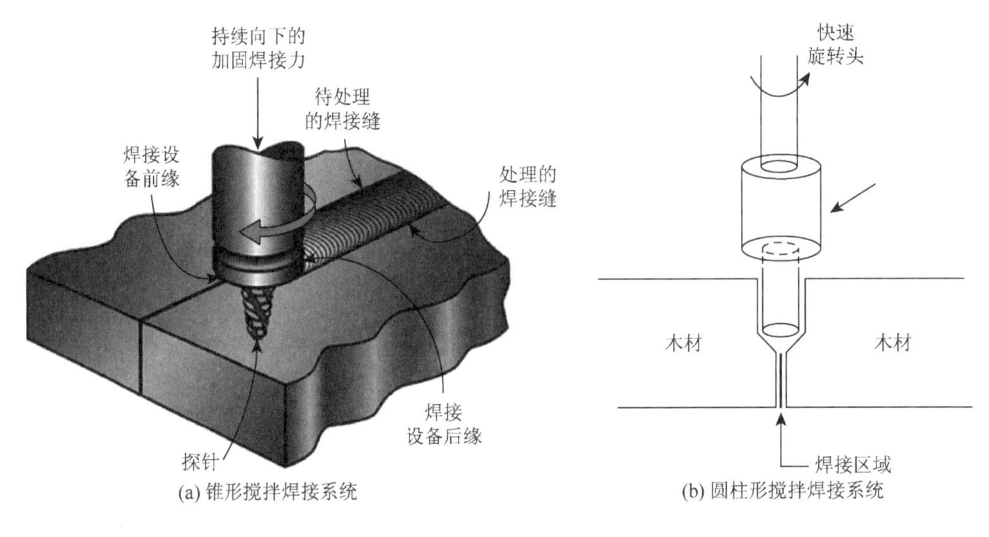

(a) 锥形搅拌焊接系统
(b) 圆柱形搅拌焊接系统

(c) 搅拌焊接的产品

图 4.2　摩擦搅拌焊接示意图

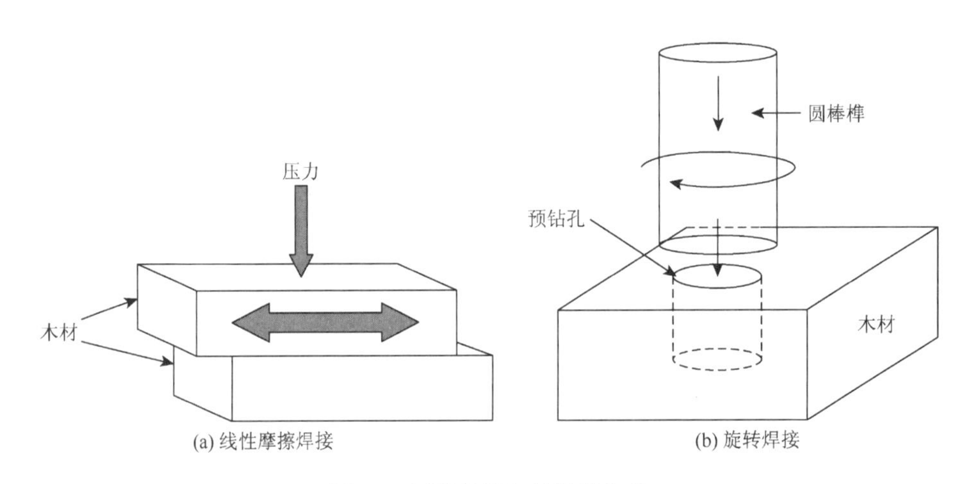

(a) 线性摩擦焊接
(b) 旋转焊接

图 4.3　两种常规木材焊接方式

和瑞士的 Balz Gfeller 教授组成了瑞士-法国的研究团队使用不同的焊接设备，深入、系统地研究和分析了木材焊接技术，并且明显提升了木材焊接的技术水平。

2007 年，Pizzi 教授等探索了超声木材焊接和微振动焊接两种热塑性焊接体系，并将其应用于木材焊接领域。超声木材焊接的产品具有较大的强度，但是仅适用于非常薄的木材制品。微振动焊接在焊接连续木制品方面表现出了比较理想的效果和巨大的潜力，而且对产品的长度没有任何限制。

木材焊接的机理认为，在热和压力的作用下，两块木材表面发生了熔融变化，熔融后的木材组成物在冷却后又形成一个相互缠结的网络，随之，一个“胶合界面”就此形成，从而实现焊接，最终，两块木材紧紧地焊接在一起。这个焊接过程可以由机械摩擦方法来完成，而不需要通过包括金属连接件在内的其他连接件来实现。

第5章　线性摩擦焊接

线性摩擦焊接（或者振动焊接）是通过由两个工件的机械运动产生的热来实现有效焊接的，两个工件在一定压力下实现紧密接触，一个工件保持静止，另一个工件在接触的平面内做往复直线运动，如图 5.1 所示[3]。两块表面加工好的规格木材放在焊接设备工作台面上，并通过施加压力（F）使其彼此紧紧地压靠在一起，在面积为 S 的焊接平面施加一个平面线性运动产生一个摩擦界面力（F_r），在 100～300Hz 振动频率和 0.25～2.5mm 振幅的条件下，样品的位移通常不超过 3mm。当振动和相对摩擦运动停止后，两块木材之间还需要在一定的压力下保持一段时间（t_m，通常为几秒），直到焊接界面熔融的物体固化。通常来说，整个焊接过程在几秒内（t_s）即可完成[4, 5]。

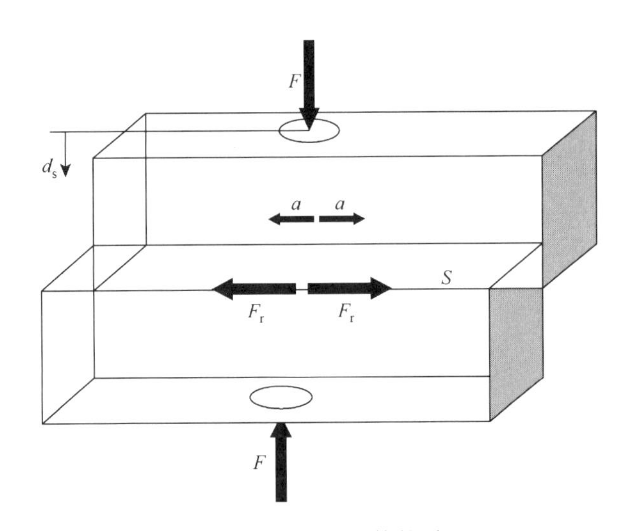

图 5.1　线性摩擦焊接的原理

压力为 F；振幅为 a；频率为 f；焊接时间为 t_s；运动位移为 d_s；保压时间为 t_m；焊接力为 $P_s = F/S$；摩擦力为 F_r

如果把线性摩擦运动看作一个谐波振荡运动，运动振幅 a_t 和设定振幅 a_0 及频率的关系为

$$a_t = a_0 \sin(\varpi t), \quad \varpi = 2\pi f$$

从而可以推断出摩擦的相对速度为

$$v_t = \frac{2\pi}{\sqrt{2}} fa$$

通过计算，相对速度通常保持在 500～1300mm/s。

线性摩擦焊接设备外观如图 5.2 所示，结构示意图如图 5.3 所示，图 5.4 为线性摩擦焊接后的产品外观图。

图 5.2　线性摩擦焊接设备外观（LV2 2061 Mecasonic，Annemasse，法国）

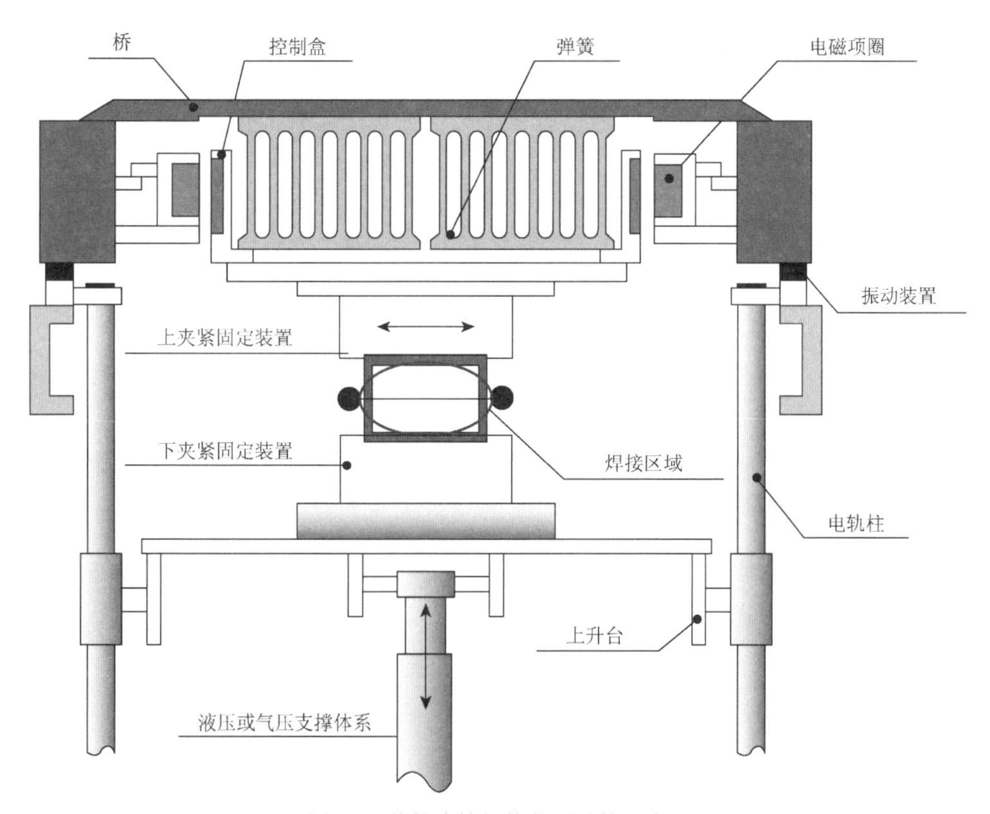

图 5.3　线性摩擦焊接装置结构示意图

图 5.4　线性摩擦焊接后的木材试件外观图

5.1　影响线性摩擦焊接的因素

对于线性摩擦焊接而言，焊接设备的参数设定和焊接材料的各项基本性能都将影响焊接产品的最终性能。具体影响因子包括：木材基本性能参数，如木材种类、含水率、密度、年轮、纹理方向和试件尺寸等；焊接机工作类型及焊接工艺参数，如焊接压力（单位为 kN）、焊接频率（单位为 Hz）、振幅（单位为 mm）、焊接时间（单位为 s）、焊接后保压压力（单位为 kN）、焊接后保压时间（单位为 s）等。

5.1.1　材料特性

就目前的研究而言，线性摩擦可以实现实木与实木、实木与人造板、人造板与人造板的焊接。常用来焊接的木材主要包括水青冈（*Fagus longipetiolata*）、槭木（*Acer* spp.）、栎木（*Quercus* L.）、云杉（*Picea asperata* Mast.）和红木（*Bixa orellana* L.）等树种。常用来焊接的人造板材主要包括刨花板、中高密度纤维板、定向刨花板（oriented strand board，OSB）和胶合板等。

研究得出，硬阔叶材或者软针叶材都将显著影响木材焊接的各项性能，当木材密度较小时，两块木材在一定的压力和高速运动条件下，木材的早材和晚材、心材和边材不同的特性使得焊缝非常明显，类似于一条指接板材的胶线出现在两块木材表面的接触面上，如图 5.5（a）所示。随着木材密度的增大（密度大小顺序：水青冈＞栎木＞松木），两块板材间的焊缝变得越来越平滑，如图 5.5（b）中的栎木所示；当密度继续增大时，木材间的焊缝是一条很窄、很直的线，如图 5.5（c）中的水青冈所示。这是由于木材密度越大，早材和晚材、心材和边材的差异就越小，从而在焊接过程中仅仅破坏了焊接层面很薄的一层，而不会影响更深层面的木材，表现出一条直的焊缝。具体还表现出，心材焊接而成的试件强度及耐水性均较好，这与木材心材中的抽提物是直接相关的[6]。同时，Omrani 等还证明了木材的纵向焊接强度要优于横向焊接强度[7, 8]。另外，木材的解剖结构，如管胞、木射线、细胞腔尺寸、细胞壁厚度也将影响焊接效果，同向的纹理更有利于形成木质素包覆纤维的交联网状结构。

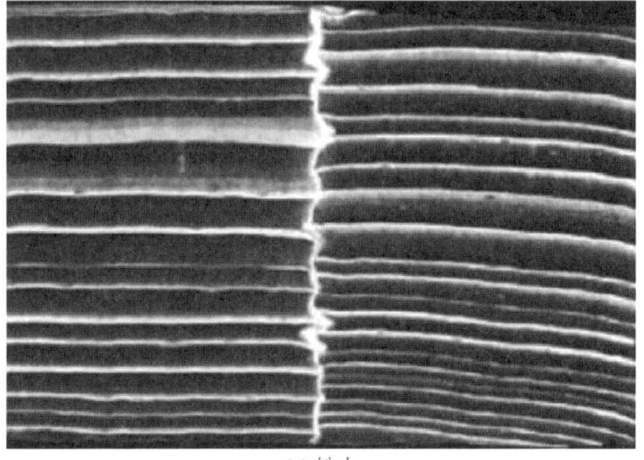

(a) 松木

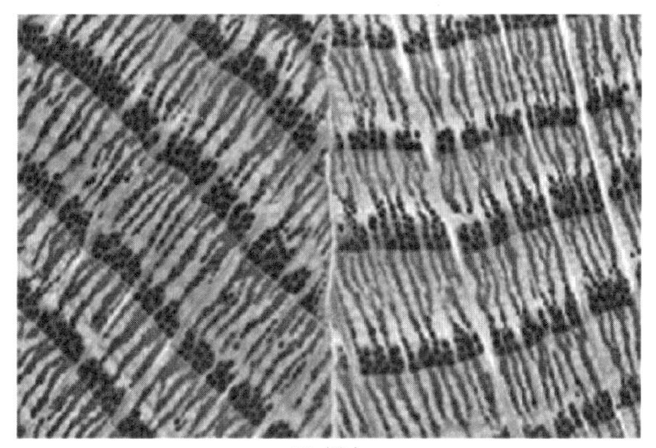

(b) 栎木

(c) 水青冈

图 5.5　不同密度的木材线性摩擦胶线的 X 射线图

深色部分是木材低密度区域，浅色部分是木材高密度区域

对常用树种焊接产品研究得出，水青冈和槭木焊接产品的强度远远高于云杉和栎木焊接产品[9]，这与木材的密度和木质素特性有关。当不同树种焊接在一起的时候，焊接强度往往取决于密度较低的树种，如云杉-水青冈焊接产品的强度与云杉-云杉焊接产品的强度接近。

采用刨花板、OSB、中密度纤维板（medium density fiberboard，MDF）和胶合板作为基材（图 5.6），研究其表面和侧边线性摩擦焊接性能的差异。研究结果得出，胶合板的焊接强度最高，而刨花板的焊接强度较差；人造板侧边-侧边的焊接强度明显优于面-面的焊接强度。当木材与人造板实现焊接时，焊接强度明显优于人造板-人造板的焊接强度，这是由于人造板的热塑性不及实木，界面层熔融物质较少，无法得到很好的焊接强度[10]。表 5.1 展示了不同焊接材料不同方向焊接产品的焊接强度。胶合板和密度较大的水青冈获得较高的焊接强度，这不仅与被焊接材料的密度有关，而且与被焊接材料的物理结构有很大关系。胶合板由单板单元组合而成，保留了部分木材最原始的特性，因此，它们的焊接强度与木材和木材之间的焊接相当。

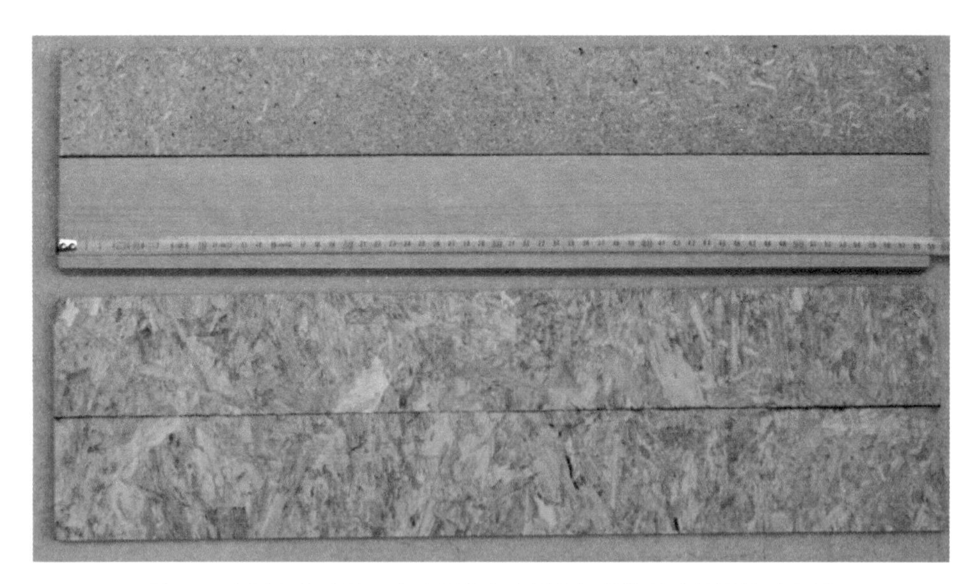

图 5.6 木材和人造板、人造板和人造板之间的线性摩擦焊接示意图

表 5.1 不同焊接材料不同方向焊接产品的焊接强度

焊接材料类型	焊接方向	焊接时间/s	焊接压力/MPa	焊接强度/MPa
刨花板	面-面	7	1.5	1.82±0.12
刨花板	侧边-侧边	5	1.15	2.80±0.20
OSB	面-面	5.5	1.33	2.34±0.83

续表

焊接材料类型	焊接方向	焊接时间/s	焊接压力/MPa	焊接强度/MPa
OSB	侧边-侧边	5.5	1.22	3.09±0.52
MDF	面-面	10	1.5	3.84±0.89
MDF	侧边-侧边	8	1.4	4.29±1.58
胶合板-水青冈	面-面	3	1.33	7.22±1.19
胶合板-水青冈	侧边-侧边	3.5	1.48	6.21±0.82
胶合板-栎木	面-面	3	1.33	2.09±1.17
胶合板-栎木	侧边-侧边	3	1.33	4.36±0.64

木材是各向异性材料，不同方向的切面具有不同的纹理。木材的横切面-横切面（横向）焊接强度明显低于径/弦切面-径/弦切面（纵向）焊接强度，且横向-纵向混合焊接强度也仅为纵向焊接强度的 1/2 左右。从焊接方向来看，水青冈的径-弦向混合焊接强度与弦向焊接强度均优于径向焊接强度，但栎木不同纹理方向的焊接强度没有明显差异[11]。通过对比发现，绝大部分木质材料不同方向上焊接强度的大小顺序为：弦向焊接强度＞径-弦向混合焊接强度＞径向焊接强度＞横向焊接强度；且同向纹理焊接强度要比纹理方向垂直交叉的焊接强度高，如图 5.7 所示。

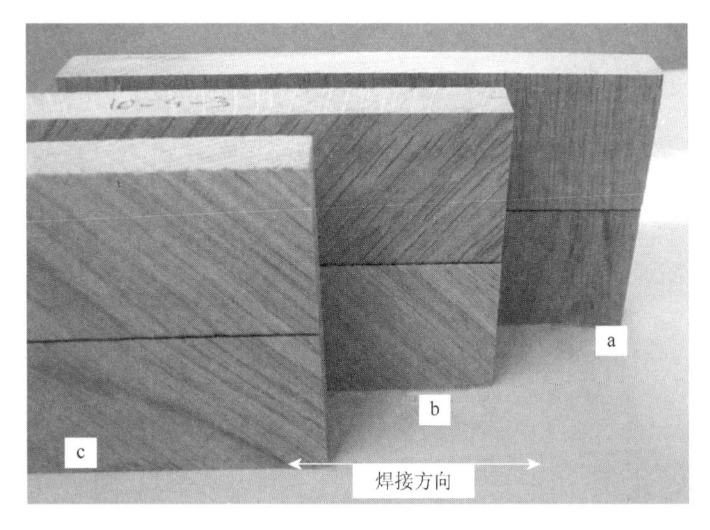

图 5.7　木材不同纹理方向的焊接

a. 0°纹理方向对头焊接；b. 45°纹理沿木材纵向（纹理 90°角）焊接成鱼鳞状图案；c. 45°纹理沿木材纵向（纹理平行）焊接

5.1.2 焊接工艺

研究证明，焊接木质材料的基本性能参数，如密度、年轮宽度和纹理方向等均会影响最终产品的焊接强度，但是这种影响十分有限，甚至可以通过改变焊接工艺和其他改性处理手段来克服。总的来说，焊接性能主要取决于焊接工艺，该工艺主要包括焊接压力、焊接时间、位移、保压压力和保压时间等。焊接时间对焊接产品的强度影响非常大，当水青冈的线性摩擦焊接时间设为 1.5～5s，振动频率为 150Hz，位移为 2mm 时，测试了焊接产品的强度和耐水特性。研究得出，焊接时间为 1.5s 时的试件性能优异，远远高于其他焊接时间[12]。同时研究得出，槭木、栎木等木材的线性摩擦焊接时间应该严格控制在 4s 以内，这样可获得较高的焊接强度[13]。焊接时间过长则会使界面层温度过高，引起界面层炭化，进而导致焊接强度降低。一系列实验和系统分析得出，线性摩擦焊接的常用工艺参数如表 5.2 所示。

表 5.2 线性摩擦焊接的主要工艺参数

工艺参数	单位	参考值
焊接压力（WP）	MPa	0.4～1.3
焊接时间（WT）	s	2～5
焊接位移（WD）	mm	1～3
频率（*f*）	Hz	100～150
保压压力（HP）	MPa	1.3～2.75
保压时间（HT）	s	2～5
平衡含水率（EMC）	%	12

除了改变焊接工艺，对焊接基材的预处理也会影响产品的焊接性能，目前采用的主要预处理方式为预热处理或表面开槽。水青冈随着预热处理温度的升高，焊接强度稍有提高；而栎木的焊接强度随着温度升高反而急剧下降[11]。为了增加木材的尺寸稳定性和耐久性，Boonstra 等利用高温、高压水蒸气对木材进行处理，产生的木材焊接产品的焊接强度较低，然而，全热处理的木材在干热阶段循环处理后得到的木材焊接产品具有较高的焊接强度。研究得出，热处理木材可以具有一定的焊接强度，但是焊接强度往往低于未处理的木材[14]。

除预热处理方式外，采用表面开槽的方式进行预处理也是一种有效的焊接工艺改性方法，例如，通过在水青冈木材表面开槽（图 5.8），增加焊接接触层的面积。研究得出，凹槽较小时，对线性摩擦焊接性能的影响不大，但是当凹槽较大且界面层有空隙时，焊接性能略有提高，这是因为焊接过程中产生的水蒸气和挥发性物质能够快速排出，有利于焊接的进行。当然，开槽的尺寸、深度等重要参数也严重影响焊接的效果[15]。

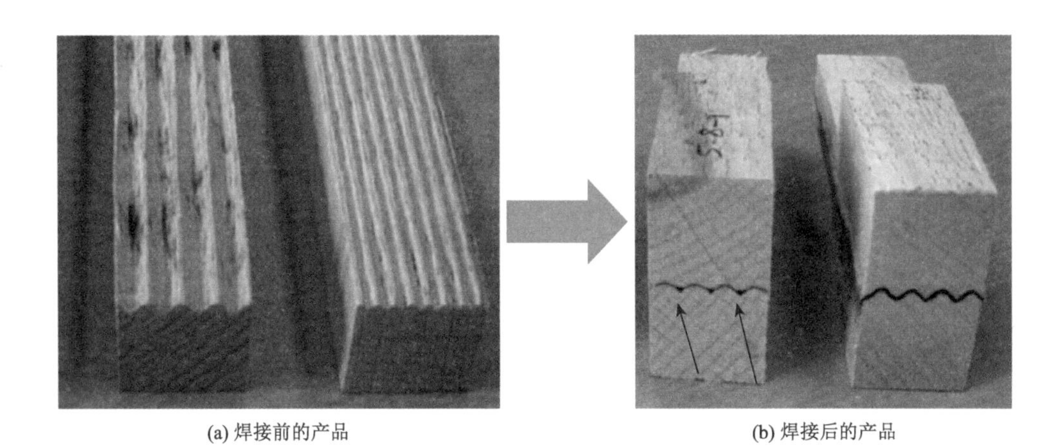

(a) 焊接前的产品　　(b) 焊接后的产品

图 5.8　对焊接面进行开槽处理

Ganne-Chedeville 测试了槭木和挪威云杉的指榫焊接产品，研究发现，要实现两块木材的指榫焊接是非常难的，因为指榫较脆，其榫较窄，而且以 20°存在。焊接的挪威云杉制品的抗拉强度较低，表明木材之间的焊接强度低可能归因于指榫的角度太小。因此，指榫应该具有不同的几何形状和非常宽大的角度去实现较好的焊接强度[16]。Ganne-Chedeville 还发明了一种特殊的剖面，即小和短的指榫，角度达到 90°，这样就形成一个很大的接触面，从而提高其强度，如图 5.9 所示。

图 5.9　线性摩擦焊接实现的指榫焊接产品

5.2　线性摩擦焊接过程中的温度变化

Stamm 利用红外测温技术测定了线性摩擦焊接过程中的温度变化，可大致分为六个阶段[17]，如图 5.10 所示。

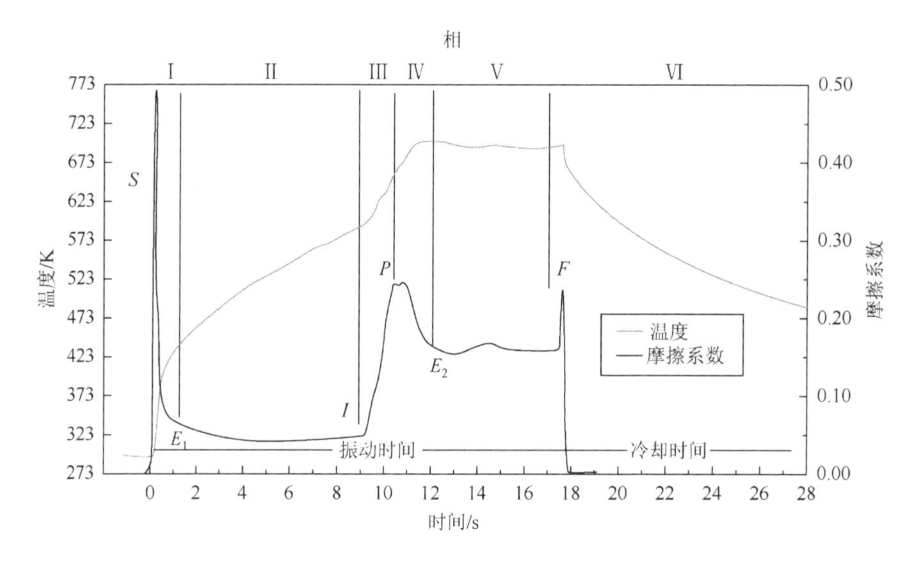

图 5.10　线性摩擦焊接过程中温度和摩擦系数随时间的变化曲线

在线性摩擦焊接过程中，焊接界面的温度和摩擦系数都将随着摩擦运动与时间改变发生显著变化，具体分析如下。

阶段 I：摩擦运动开始的初期，两块木材在一定压力下紧密接触（*S* 点），界面温度较低，在 285K 左右。随着摩擦运动的进行，粗糙的界面变得越来越光滑，摩擦运动越来越激烈，摩擦系数随之降低，界面温度从而越来越高。随着摩擦运动的进行，木材的界面含水率也随着温度的升高而降低。

阶段 II：该阶段内，摩擦系数基本保持恒定，温度却呈线性升高趋势。

阶段III：从 *I* 点开始，焊接界面的温度和摩擦系数均急剧上升，并伴随着烟雾产生，这是因为焊接温度超过 588K，木材的焊接表面开始分解。随着摩擦运动的进行，焊接面的摩擦力达到 *P* 点。

阶段IV：在摩擦力持续作用下，焊接界面温度从 588K 继续上升至最高点 705K 左右后慢慢趋于平衡。

阶段 V：这个阶段的特点是，在 E_2 点和 *F* 点之间，摩擦运动已经基本结束，界面温度和摩擦系数已经基本保持平衡。这种平衡是基于摩擦产生热能后，热能又逐渐减退过程中产生的一种有效平衡。该温度范围内，热解后的产物已经挥发，木材组织在高温条件下开始熔融、分解，焊接界面产生大量烟雾，并在界面处被挤出。

阶段Ⅵ：在该阶段，摩擦运动停止，焊接界面的温度和摩擦系数都急剧下降，样品界面开始冷却，熔融的木质素和半纤维素开始固化，产生一层高密度的焊接介质，形成稳定的胶合界面，从而实现样品的有效胶接，完成整个焊接工艺。

总之，线性摩擦焊接过程的温度变化经历了温度上升、保持和下降阶段。

5.3　线性摩擦焊接过程中的化学反应

木材焊接过程中，木材之间的摩擦导致木材组分熔融、流动，在界面层冷却后形成一层高密度的焊接界面，以达到高强度的效果。因此，在整个焊接过程中必然伴有一些化学反应，气相色谱-质谱法（gas chromatography/mass spectrometry，GC/MS）、差示扫描量热法（differential scanning calorimetry，DSC）、X射线光电子能谱法（X-ray photoelectron spectroscopy，XPS）、核磁共振（nuclear magnetic resonance，NMR）和傅里叶变换红外光谱（Fourier transform infrared spectroscopy，FT-IR）等化学分析手段证明了木材焊接过程中化学成分的变化，揭示了木材焊接的内在机理，证实了在木材焊接过程中木质素和碳水化合物衍生物糠醛之间发生了化学交联反应[18, 19]。红外光谱分析揭示了在木材焊接的各个阶段所发生的相关反应。研究表明，在40～90℃时，主要为木材水分的蒸发和木材各组分之间轻微的化学变化；在90～180℃时，木材组分开始熔融并发生显著变化；在200℃时，木质结构有明显损坏和伴有热转化发生；超过270℃时，木材发生热解反应。

木材焊接以后，木质素结构中游离酚基含量有所增加，导致木质素与纤维之间的氢键力有所增强，从而形成更好的交联网络；木材焊接以后，在焊接界面形成通过亚甲基桥键连接的有C—C键的高聚物，如图5.11和图5.12所示［其中CP-MAS NMR是指魔角旋转交叉极化（magic angle spinning-cross polarization，CP-MAS）核磁共振］。

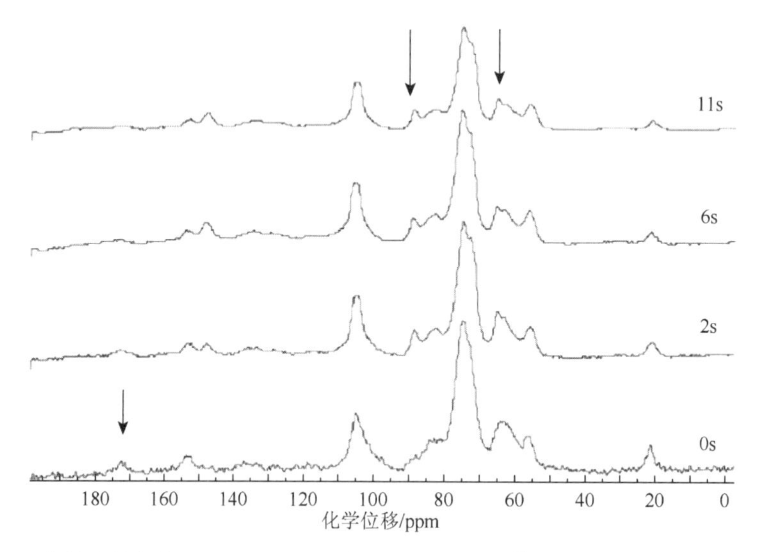

图 5.11　线性摩擦焊接界面随焊接时间变化的 CP-MAS ^{13}C NMR 图谱（0～180ppm）

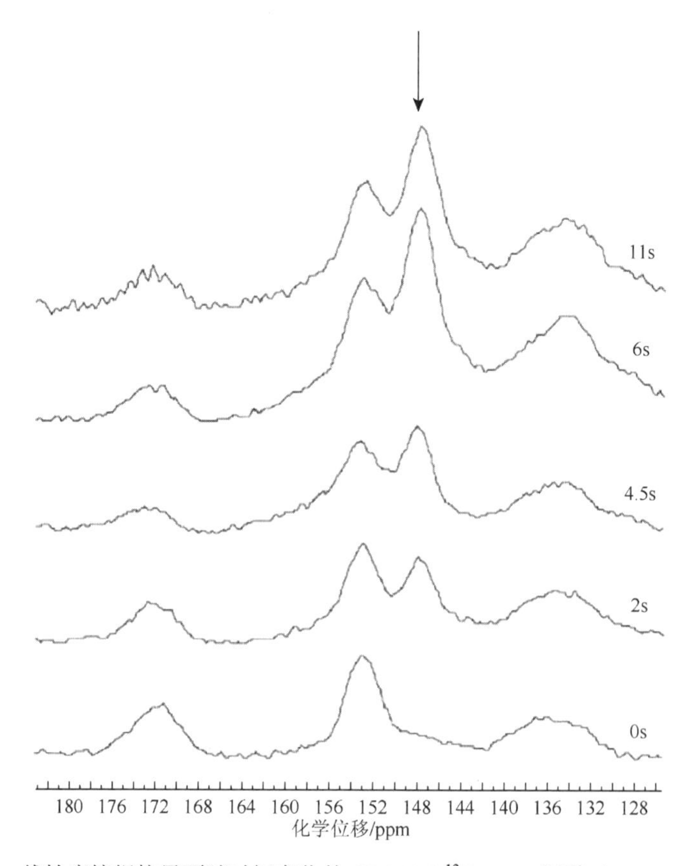

图 5.12　线性摩擦焊接界面随时间变化的 CP-MAS ^{13}C NMR 图谱（128～180ppm）

5.4　线性摩擦焊接过程中的挥发物成分

线性摩擦焊接由于摩擦产生的温度过高，木材组分部分热解甚至炭化，从而产生大量烟雾。在人们环保意识日益增强的今天，对焊接产生的烟雾进行成分分析是十分必要和非常重要的。Ganne-Chedeville 利用 GC/MS 分析得出挥发物中主要成分为2-甲基丙烷、香兰素、丁香酚、2-呋喃甲醇和糠醇等。由此可以得出，在线性摩擦焊接过程中挥发物含量极少，而且线性摩擦焊接在一个密闭的环境里完成，并不会对操作人员造成伤害，焊接过程不污染环境[16]。

Omrani 等指出在焊接过程中产生的挥发物主要为水蒸气、少量 CO_2、无定形碳水化合物和木质素的降解物，如果是针叶材，同时有一些易挥发的萜烯类化合物。必须指出的是，经过图 5.13 的谱峰归属分析得出，焊接产生的挥发物中并没

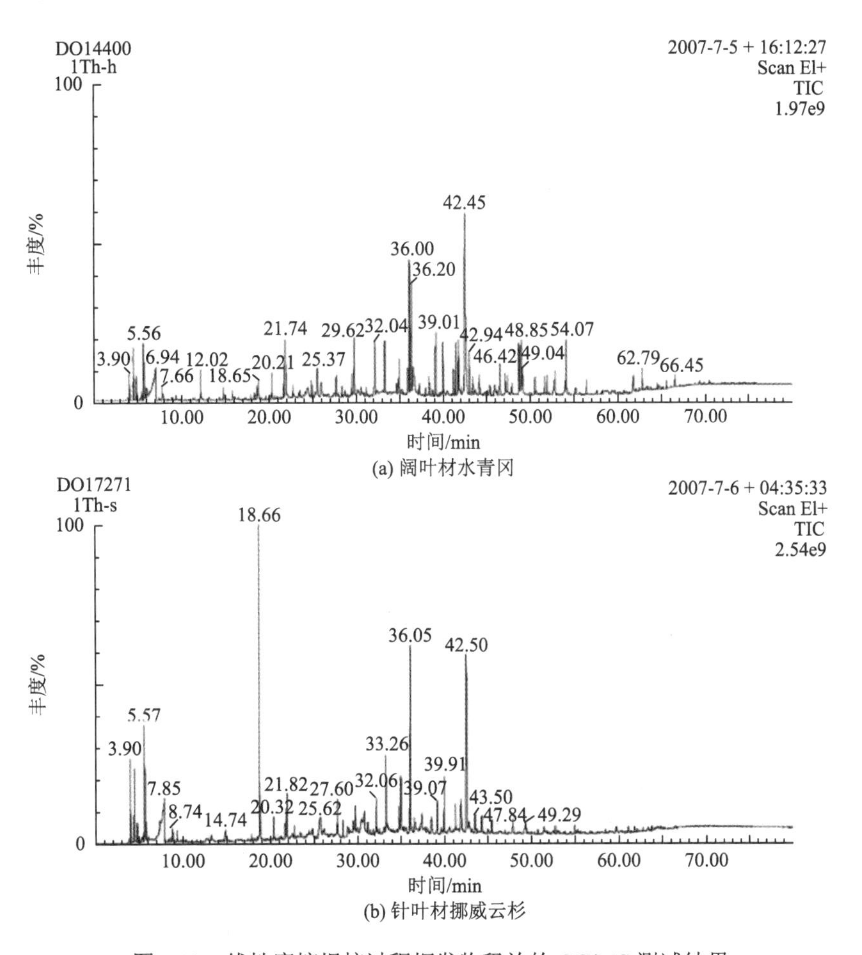

(a) 阔叶材水青冈

(b) 针叶材挪威云杉

图 5.13　线性摩擦焊接过程挥发物释放的 GC/MS 测试结果

有检测到 CO 和 CH_4 等危险气体的排放，烟气中产生的挥发物质主要来源于木质素和半纤维素[20]。

5.5 焊接过程中界面形貌变化

图 5.14 非常明显地给出了木材焊接界面的形貌图[21]，从图 5.14（b）可以看出，焊接界面的木材组分已经开始熔融形成一层密度较高的界面层，正是这层密度较高的、由木质素和半纤维素高温熔融后形成的界面层起到了胶接的作用。Gfeller 等利用扫描电子显微镜（scanning electron microscope，SEM）对木材焊接制品的界面进行了表征，得到了如图 5.15～图 5.19 所示的焊接界面分辨率更高的形貌[22]。从图 5.16 中能明显看到单根长的木材细胞或沉积在熔融的聚合物结构里。木材细胞没有被完全破坏，这就意味着这种熔融主要发生在相互连接的纤维薄层组织之间。木材细胞胞间层组织主要分布于木质素中，多于其他任何木材组织。焊接过程中，多余的纤维从焊缝区域挤了出来（图 5.17），纤维已经成为一个无损坏的、完整的整体，在焊接界面形成了一个相互缠结的木材纤维网络。

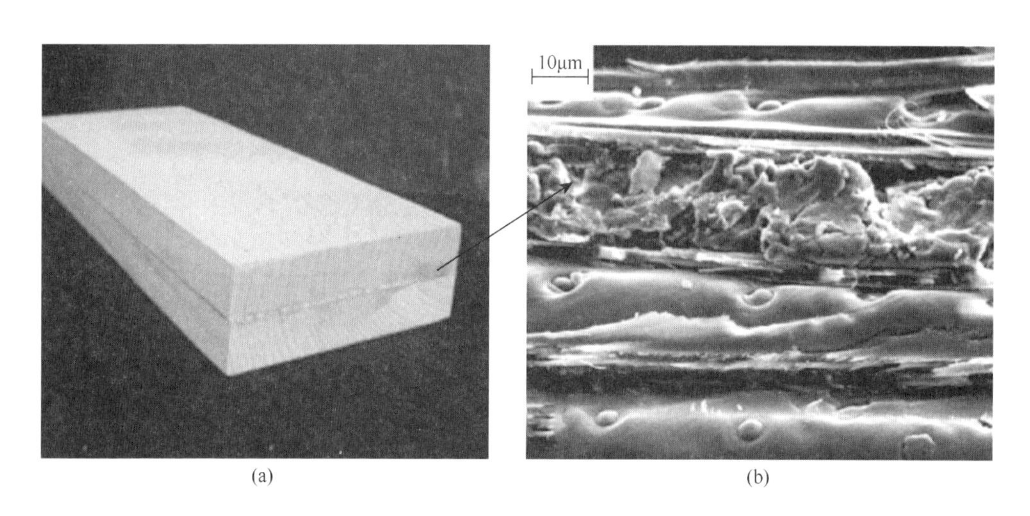

(a) (b)

图 5.14 线性摩擦焊接界面形貌

Stamm 等进一步利用显微镜技术对细胞腔和细胞壁进行了分析研究，结果得知，在压力、热和剪切作用力的影响下，木材界面层的木材细胞腔和细胞壁完全压溃[23]。这种界面与焊接区域细胞腔和细胞壁的压溃现象对木材生长轮的晚材部分影响较小。具有较小腔体的较厚木材晚材细胞壁基本不受影响，呈现比较完整的形态，如图 5.20 所示。

图 5.15　线性摩擦焊接界面的 SEM 图

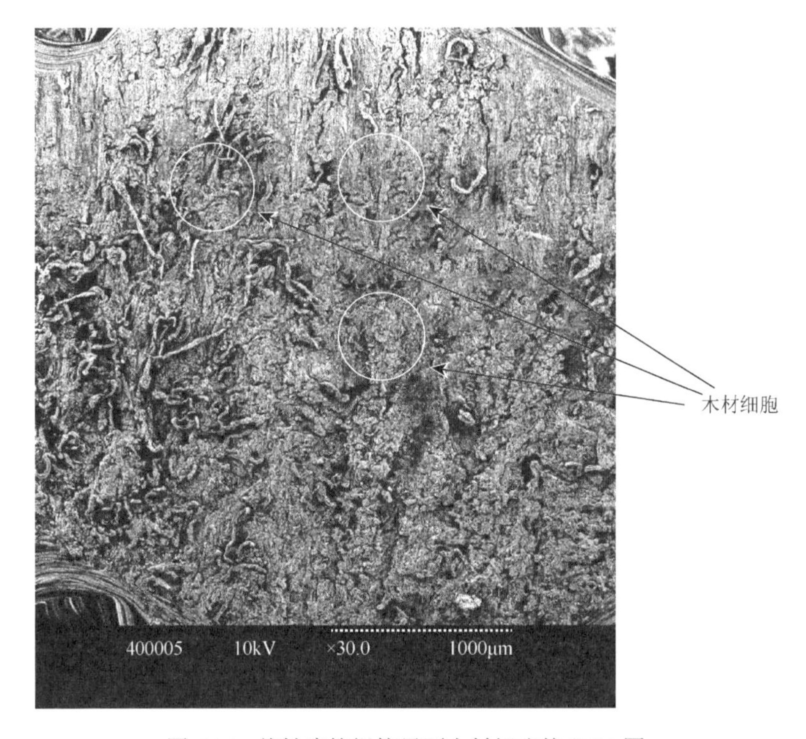

图 5.16　线性摩擦焊接界面木材细胞的 SEM 图

(a) 线性摩擦焊接界面木材细胞

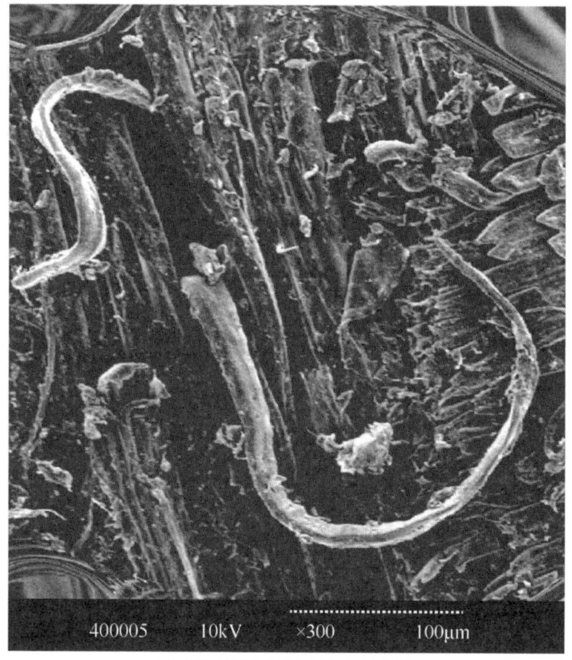

(b) 界面熔融和流动的木材细胞

图 5.17　SEM 图

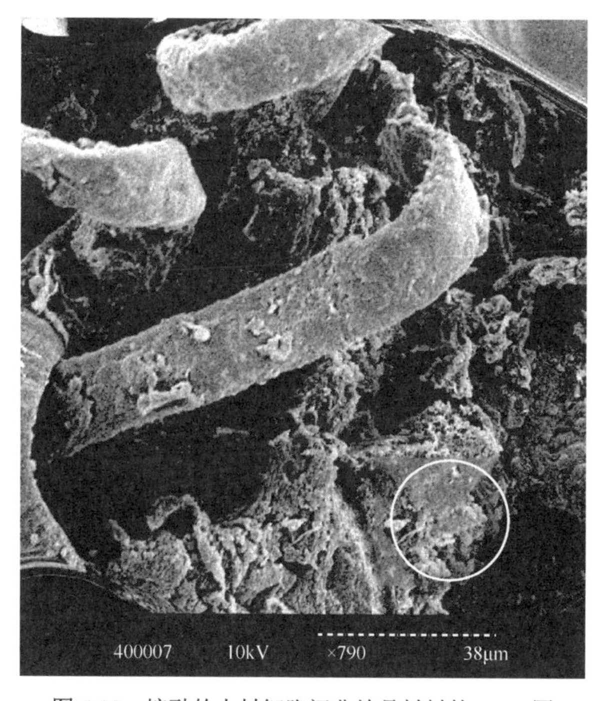

图 5.18　熔融的木材细胞间非结晶材料的 SEM 图

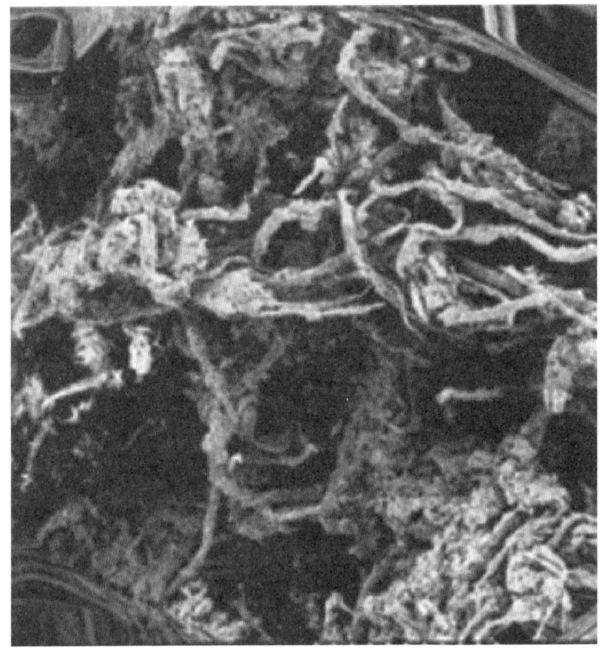

(a) 焊接界面

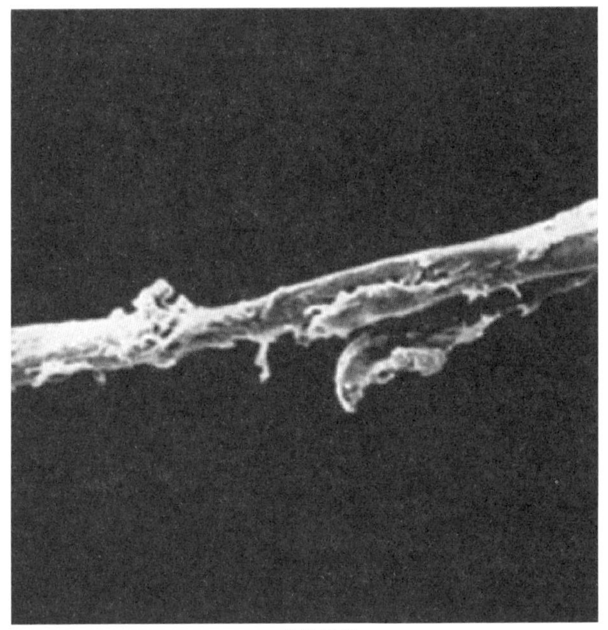

(b) 单根纤维

图 5.19　木材焊接界面的 SEM 图

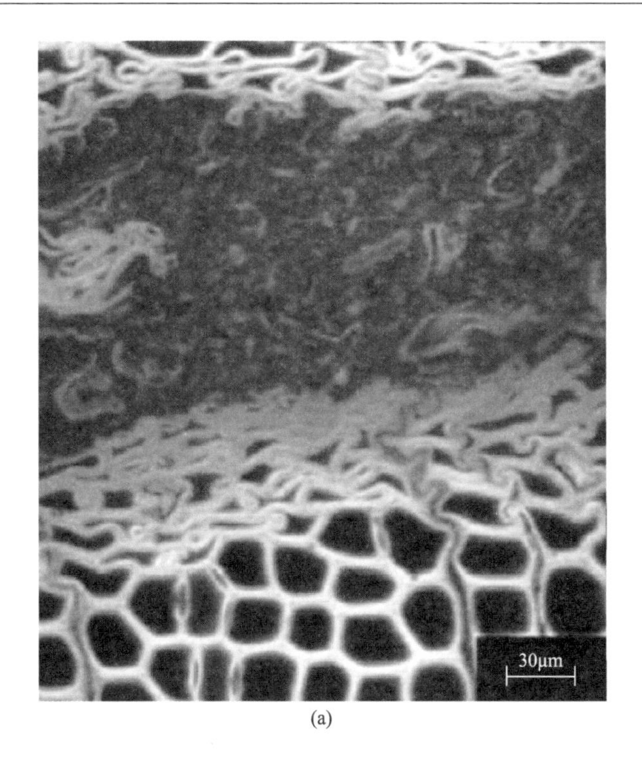

(a)

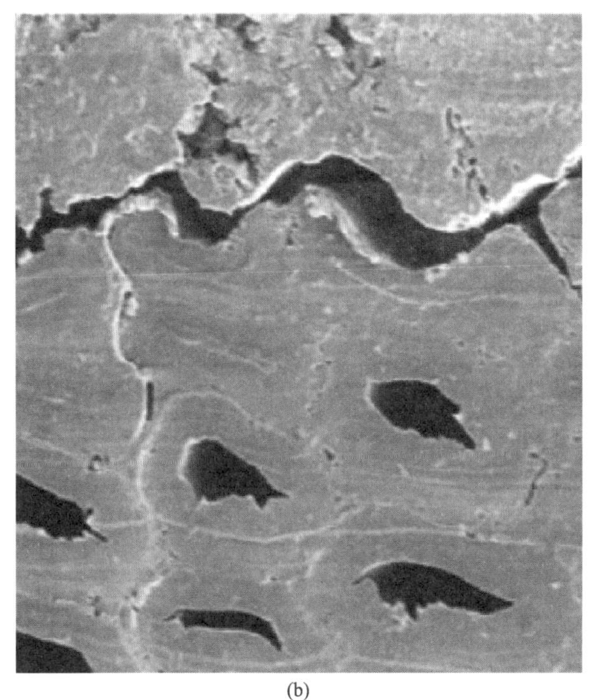

(b)

图 5.20　木材焊接后界面的木材细胞形貌

在线性摩擦焊接中，两块或多块木材的结合与用胶黏剂胶接是同样的原理，即在界面形成一个完整、均匀的胶线，统称为焊接界面。该层界面表现的主要特点是密度明显高于两侧的木材，如图 5.21 所示，这主要是焊接过程中熔融物的堆积，在压力的作用下表现出许多特性，如强度等。

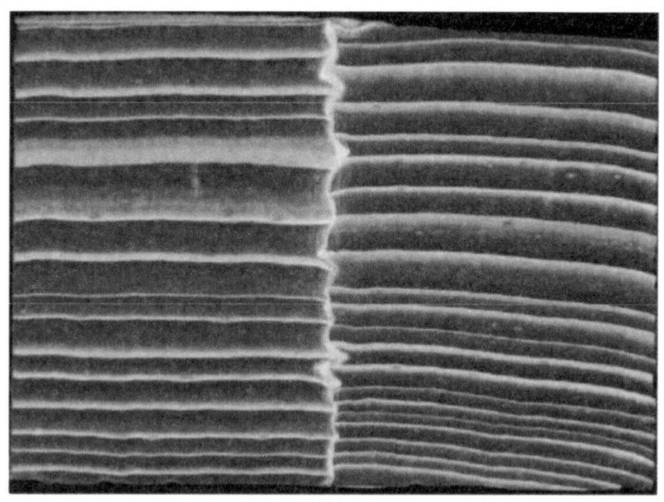

(a) 焊接材料影像图

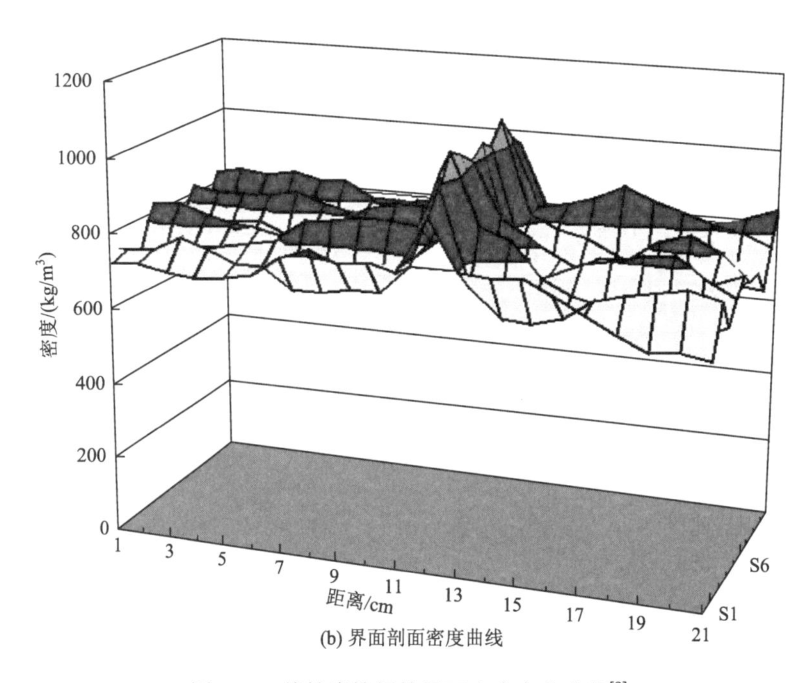

(b) 界面剖面密度曲线

图 5.21 线性摩擦焊接界面密度变化曲线[9]

5.6 线性摩擦焊接产品耐水性改善研究

为了提高木材焊接产品的耐水性，使其可以在室外或更恶劣的环境中使用，一些无毒、天然、廉价、易得的添加剂（如松香、植物油及乙酰化木质素）以不同方式附着在焊接界面后，焊接产品的耐水性得到大幅度提高，但这还不足以完全达到室外级的使用标准要求。研究得出，水青冈和云杉线性摩擦焊接后都具有较高的抗拉强度，水青冈为 8～10MPa，云杉为 2～5MPa，但是两者都不具有耐水性，只适合于室内使用[24]。焊接强度的测试有多种方法，主要测试其抗拉强度或抗剪强度，如图 5.22 所示。Ganne-Chedeville 将线性摩擦焊接后的木材产品放到 25℃的水中浸泡 1～3h，橡胶木的抗拉强度降低 62%，水青冈降低 98%左右，几乎散失了机械强度[16]。因此，Stamm 建议不要在室外使用任何未经特殊处理的线性摩擦焊接木材产品[17]。

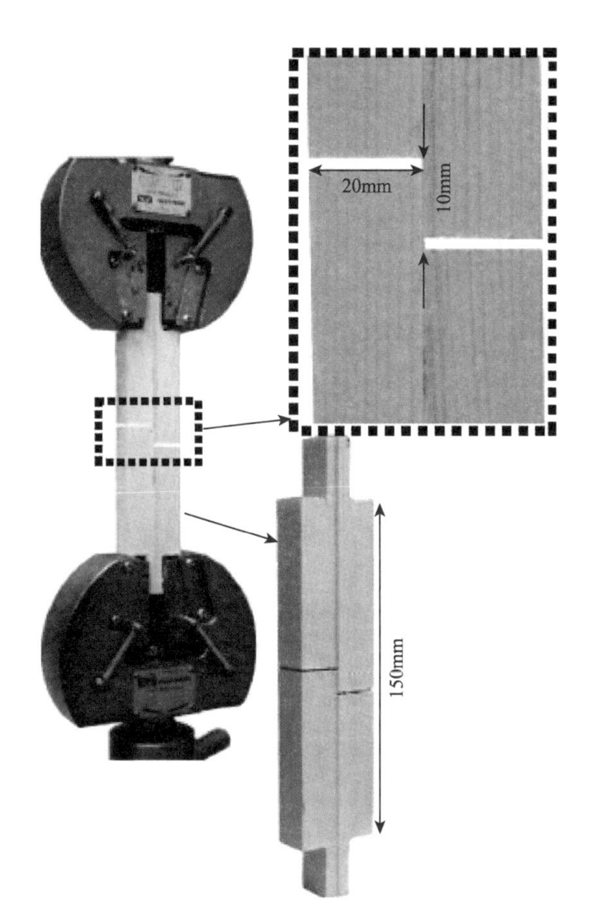

图 5.22 焊接产品抗剪测试[25]

Pizzi 等利用计算机断层成像（computed tomography，CT）扫描技术对木材焊接产品耐水性进行无损检测，分析了焊接界面的破损时间，得出焊接机器的参数设定和木材特性同时影响最终焊接产品强度的结论[6, 26, 27]。因此，Mansouri 等调整焊接工艺后的焊接产品具有较好的耐水性，在焊接频率为 150Hz、焊接时间为 1.5s、振幅为 2mm 的工艺条件下焊接的木材产品浸泡在冷水中可以维持 25h 不开裂[12]。

研究采用西门子医用 CT 扫描仪，如图 5.23 所示，扫描的环境湿度为 65%，温度为 22℃。为了较好地模拟室外变化的潮湿环境，每次都将试件从水浴里取出，适当擦拭表面水分后立即进行 CT 扫描，扫描参数设置如表 5.3 所示。

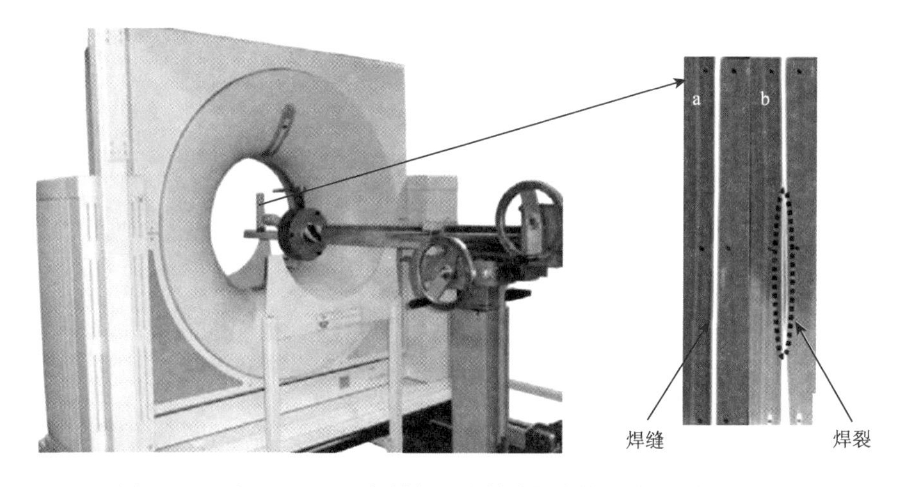

图 5.23　西门子医用 CT 扫描仪对木材线性摩擦焊接的扫描示意图

表 5.3　CT 扫描线性摩擦焊接木材的参数参考值

参数	单位	参考值
电压	kV	110
电流	mA	70
扫描时间	s	2
扫描厚度	mm	5
基体分辨率	pixel	512×512
分辨率	pixel	2.3

通过 CT 扫描和软件计算后得出，木材焊接试件每一个剖面层上的 CT 值如图 5.24 所示。对比发现，泡水 15h 以后，木材焊接试件层面的 CT 值明显降

低，低于未浸泡水的试件，这就说明在此区域范围内，木材焊接产品产生了裂缝。

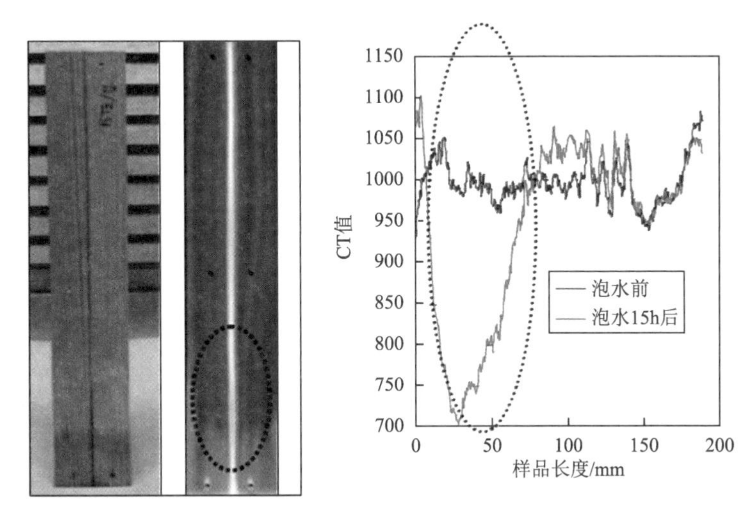

图 5.24　木材焊接产品及测试的 CT 值

另外，磁共振成像（magnetic resonance imaging，MRI）同样可以用来分析木材焊接产品焊缝的特性，结果与 CT 扫描一致[28]。如图 5.25 所示，MRI 图从轴向和端部影像来进行显示，图 5.25（a）和（b）为水青冈焊接产品，图 5.25（c）和（d）为松木焊接产品。含水率低的木材有较低的信号强度，表现为影像呈黑色；含水率高的木材有高的信号强度，表现为影像呈白色。对于水青冈，能非常清晰地看见一条闪亮的焊缝，意味着在一定的时间范围内，水分能快速地进入焊接区域。反过来，对于松木，并不能看见明显的、闪亮的线条，进而说明松木的高耐水特性，导致水不能进入焊接区域，这是因为松木里含有大量的抽提物，如树脂、

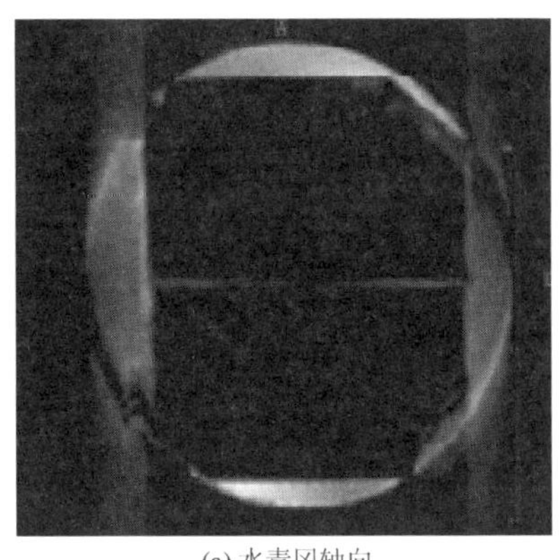

(a) 水青冈轴向

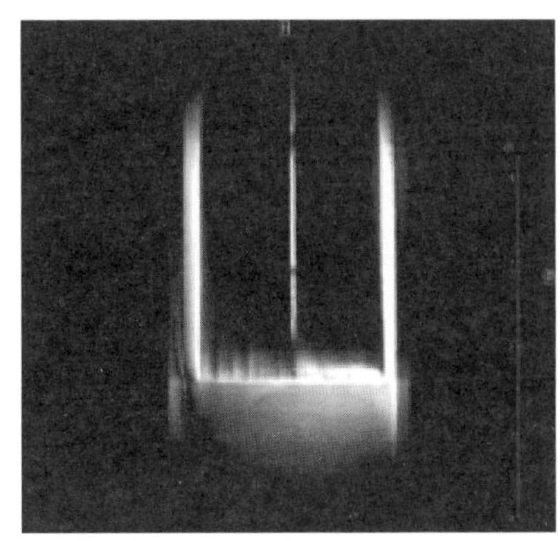

(b) 水青冈端部

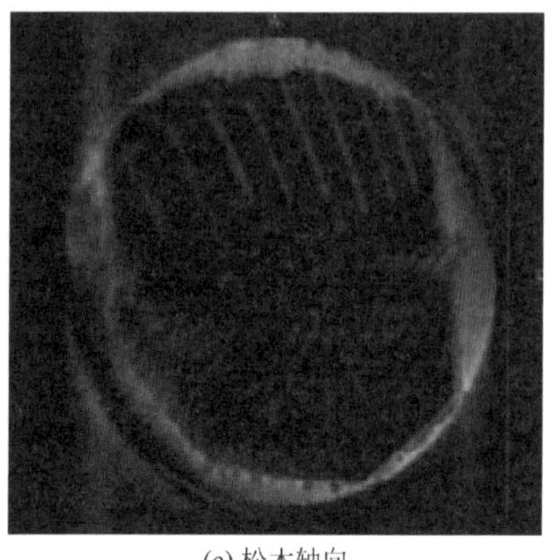
(c) 松木轴向

(d) 松木端部

图 5.25　线性摩擦焊接木材的 MRI 图

芳香类化合物、其他可能存在的有机物质（如脂肪、蜡、脂肪酸和甲醇）将严重阻碍水分的进入。因此，松木具有较好的焊缝是理所当然的。

有研究得出，利用植物油、单宁水溶液、糠醛和乙炔对焊接前的试件进行处理，焊接后的产品耐水特性得到明显改善。Boonstra 等则采用热处理的方法来改善焊接产品的耐水性，然而效果并不理想，其强度甚至还不如未处理的木材焊接产品[14]。在潮湿的环境条件下，木材焊接产品的破坏一方面来自于焊接界面的材料特性；另一方面来源于木材的湿胀和干缩。未来的研究可在线性摩擦焊接的两个焊接面轻轻涂刷一层酸溶液，使木材表面结构更加容易打开，进而参与反应。

研究表明，CT 扫描技术已经成功用于木材焊接产品的耐水特性研究，主要是利用 CT 扫描技术对焊接产品的焊缝进行无损、非接触式检测。这些方法已经成功用于木材工业的含水率测试等方面。总之，CT 扫描技术保护了焊接试件的完整性，可以成功用于木材的内部结构探究和密度调查。另外，X 射线微密度扫描图显示了木材焊接产品的断层密度分布，从图 5.26 可以清晰地看出，焊接区域的密度有明显的上升，这与前面得出的结论是一致的。

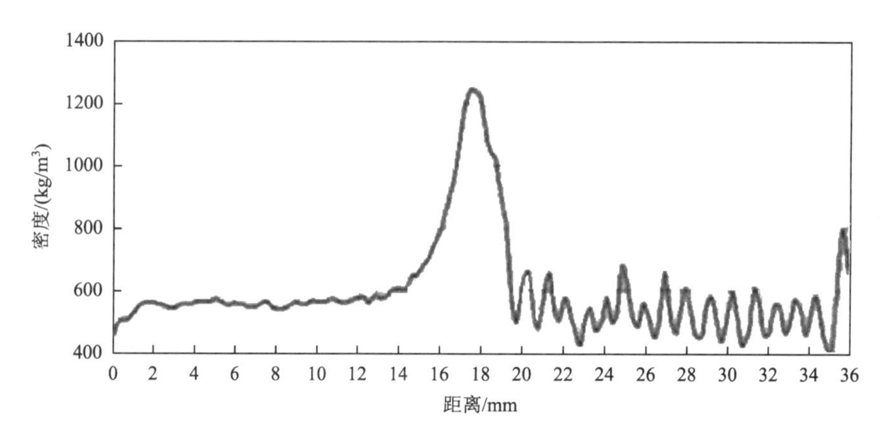

图 5.26　线性摩擦焊接产品焊接界面的 X 射线扫描图

5.7　线性摩擦焊接木制品的应用开发

Stamm 等利用线性摩擦焊接工艺焊接了多层云杉和水青冈实木制品（图 5.27）及竹制品（图 5.28），焊接尺寸为 110mm×50mm×10mm，由此证明了多层实木制品的焊接可以在较短时间内完成[29-31]。

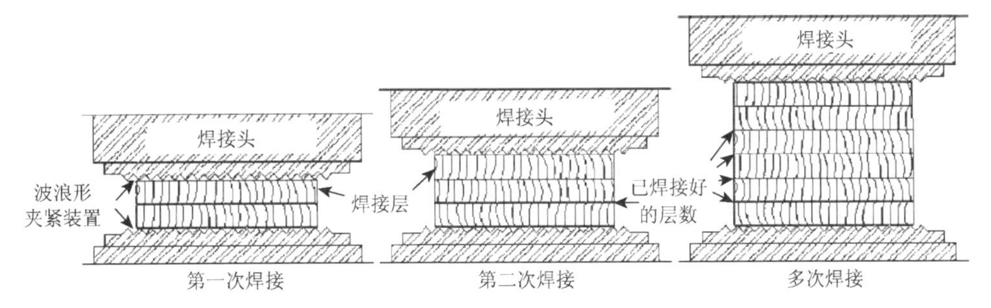

图 5.27　线性摩擦焊接用于多层实木层积焊接工艺示意图

(a) 线性摩擦焊接多层实木制品

(b) 线性摩擦焊接多层竹制品

图 5.28　用线性摩擦焊接实现的多层实木和多层竹制品

Ganne-Chedeville 利用新的想法，将 15 块杨木单板焊接成尺寸为 45mm×300mm×1650mm 的滑雪板内衬板（图 5.29）。研究发现，制备这样的板材难度是非常大的，焊接产品焊缝较脆，焊接应力较低。另外，焊接工艺使产品的强度较低，最终导致产品开裂和分层。经过不同工艺探索和优化，最终制备的滑雪板内衬板满足相关标准要求。

图 5.29　用线性摩擦焊接实现的滑雪板内衬板实物图

Hu 经过设计，利用特殊工艺方案，将珍贵红木和水青冈在一定的条件下实现了线性摩擦焊接，制备了档次较高的木质棋盘（图 5.30）。该木质棋盘既没有使用胶黏剂，也没有使用其他连接件，完全实现了线性摩擦焊接技术在高端木制品上的应用[32]。

图 5.30　用线性摩擦焊接技术制备的高档木质棋盘

第6章 旋 转 焊 接

旋转焊接与线性摩擦焊接具有同样的焊接原理，从机械力学角度来分析，圆木棒榫实现产品焊接的原理在于，圆木棒榫与预先钻好的孔实现过盈配合后将产品牢牢地连接固定在一起。旋转焊接性能与家具及木结构建筑行业中的钉连接和榫卯连接性能类似。旋转焊接实木板材的强度和刚度均明显优于钉连接，与表面涂胶木榫的连接性能相当。图 6.1 为旋转焊接设备和所用的圆木棒榫实物图。

(a) 旋转焊接设备

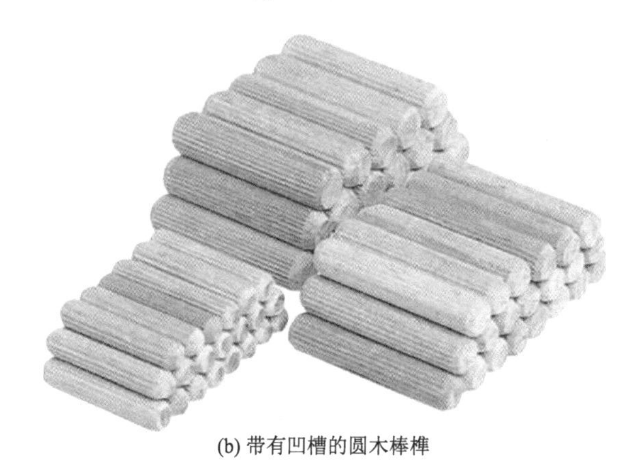

(b) 带有凹槽的圆木棒榫

图 6.1 旋转焊接设备和所用的圆木棒榫实物图

传统实木家具装配工艺中，金属件（如螺钉、螺丝和螺栓等）、蘸胶圆木棒、榫卯的广泛应用为家具产品的装配提供了保证，但也由此带来一系列问题，如金属件对木材的腐蚀；蘸胶圆木棒易引起产品表面污染，释放有毒气体且加工时间较长；榫卯处理工艺复杂等。旋转焊接木材技术是 20 世纪末、21 世纪初从欧洲发展起来的一项新技术，圆木棒榫在预先钻好的孔中（圆木棒榫的直径比预先钻孔的直径稍大）高速旋转，且不加胶黏剂或其他任何辅助材料，固定在钻好孔的木基材中，这是一种瞬间接合、经济、环境友好、极具发展潜力的木材接合技术。

旋转焊接木材是在不添加任何胶黏剂的前提下，将高速旋转的圆木棒榫通过摩擦插入预先开有孔的木质基材上，在几秒内实现基材牢固连接的一种方法，如图 6.2 所示。在此焊接方法中，需要注意的是，孔的直径和圆木棒榫的直径必须呈一定的差异关系，并且严格控制差异的大小。

(a)

(b)

图 6.2 旋转焊接实物图和界面扫描透视图

旋转焊接木材技术的发展历程几乎是与线性摩擦焊接同步的，发展过程也十分相似，研究也是以法国、瑞士和德国的科学家为主。

6.1　旋转焊接工艺参数对焊接产品性能的影响

影响旋转焊接效果的因素主要有圆木棒榫旋转速度和插入速度（即进给速度）、圆木棒榫与基材预钻孔的直径比、圆木棒榫的形状（沟槽型或圆滑型）、圆木棒榫的插入角度、焊接时间、木材种类（针叶材或阔叶材）、纹理方向、含水率等。

6.1.1　圆木棒榫的旋转速度和进给速度

通常情况下，当圆木棒榫插入深度为 22mm 时，焊接产品的抗拉强度取决于圆木棒榫的旋转速度。当圆木棒榫旋转速度为 1500r/min 时，抗拉强度为 1.84～2.15kN；当旋转速度为 4000～4500r/min 时，抗拉强度显著降低，只有 1.4～1.5kN；当旋转速度提高至 6500r/min 时，抗拉强度下降到 1.2～1.3kN，这是因为转速过快导致焊接界面温度急剧上升，从而引起界面的烧焦炭化，所以抗拉强度会随着转速的增大而降低。Rodriguez 等和 Ganne-Chedeville 等同样证明了在圆木棒榫旋转速度为 1000～1500r/min 时焊接产品的抗拉强度达到最大值[33, 34]。

当圆木棒榫和基材为同一树种的情况下，槭木的最佳进给速度为 25mm/s，桦木的进给速度为 16.7mm/s，树种间的差异非常明显。当圆木棒榫启动转速较低、加速进给时能够获得更好的抗拉强度；如果采用较高的起始转速、恒定的进给速度，则会获得更好的焊接力学性能[35]。Kanazawa 等进一步证实了圆木棒榫的进给速度为 100～400mm/min 时，焊接产品将获得较高的抗拉强度[36]。

总而言之，圆木棒榫的旋转速度和进给速度是旋转焊接中的关键参数。

6.1.2　圆木棒榫与基材预钻孔的直径比及特殊处理

要实现木材的有效焊接，必须使焊接界面达到木质素熔融的温度，这就要求圆木棒榫和孔内壁实现高质而有效的摩擦。为了使两者之间进行有效的摩擦，圆木棒榫与孔的直径比就显得至关重要。圆木棒榫的直径比孔的直径大得多，摩擦力及进给阻力很大，将会导致圆木棒榫很难插入甚至折断；圆木棒榫直径与孔的直径相同甚至略小，摩擦力及进给阻力将会很小，焊接界面温度达不到木质素熔融的温度，很难实现有效焊接。已有研究证实了圆木棒榫的直径要大于基材孔径 2mm 左右方可得到较高的抗拉强度[37]。Kanazawa 等随后也研究得出，当圆木棒榫与孔的直径比为 1.25 时，木材焊接产品具有较高的抗拉强度[36]。

对圆木棒榫顶端部及基材作特殊处理也是一种比较实用的技术手段，如在圆木棒榫端部开十字交叉槽、木质基材预钻孔为锥形（即基材表面孔径大于内部孔径)、将木榫形态改造成圆台形木榫，在圆木棒榫旋转进入木质基材的焊接过程中，开始阶段不至于对基材表层孔径造成很大破坏，确保木榫尾部能够与基材表层孔径进行良好的过盈配合。当木质基材无预钻孔时，圆台形阔叶材木榫直接通过高速旋转焊接进入针叶材基材并最终在基材内部形成“木钉锚”的结构，圆台形木榫被认为是木钉[34]。木钉焊接时如果转速较高，且插入压力较大，会导致木榫易断。图 6.3 为焊接界面的密度透视图[34, 38]。

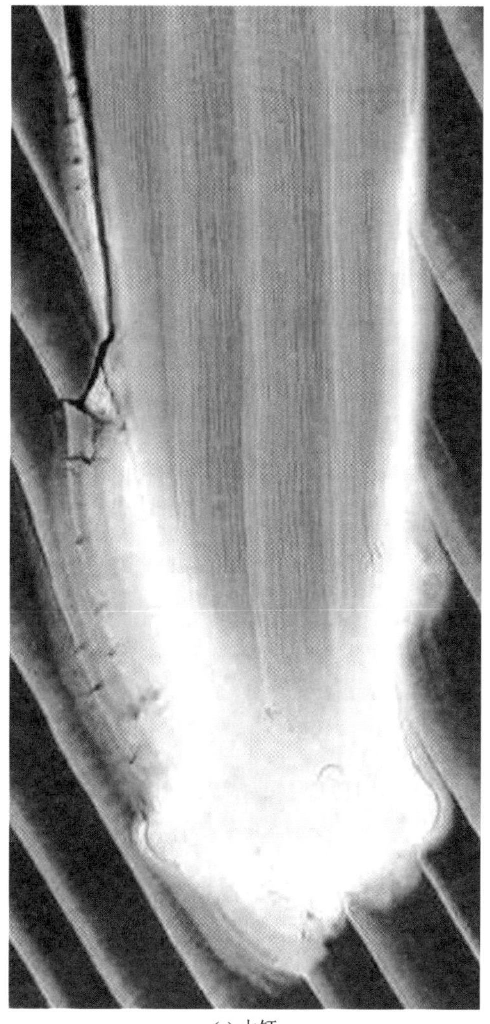

(a) 木钉

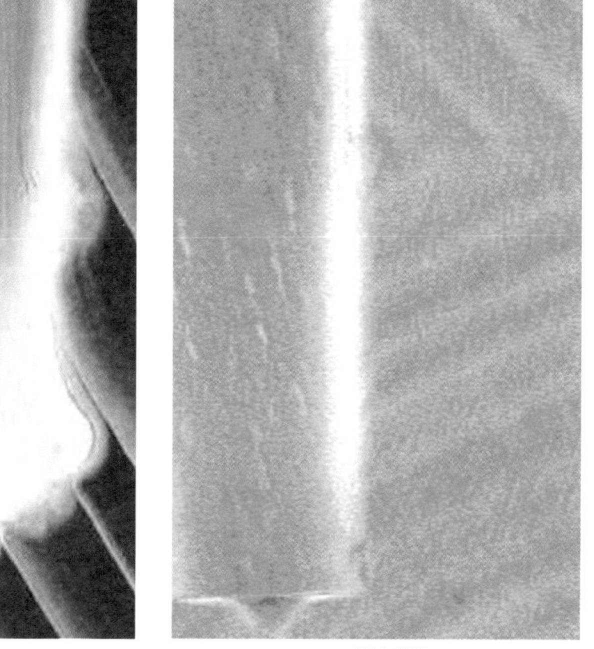

(b) 圆木棒榫

图 6.3 焊接界面的密度透视图

从图 6.3（a）可以明显看出，木钉蘸胶插入后，木钉的两侧高亮区域较少，高亮区域说明该区域密度显著增大，高亮区域面积越大，分布越均匀，说明焊接强度越高，由此也可以得出，圆木棒榫［图 6.3（b）］旋转焊接产品获得较高强度。虽然木钉蘸胶产品也获得了高亮区域，但是木钉并不是旋转插入，而是直接插入，这就导致了木钉插入时对木材基体的破坏。从图 6.3（a）可以清晰地看出，基材已经明显被木钉破坏。

6.1.3　圆木棒榫插入角度

从力学角度分析，圆木棒榫插入角度不同，其在焊接产品里所受的力也有所不同。Bocquet 等研究发现，当圆木棒榫插入角度为 90°时，圆木棒榫只受剪切力；而插入角度为 30°或 45°时，圆木棒榫同时受剪切力和拉力，最重要的是，在插入深度相同时，倾斜插入比垂直插入的接触面积大[37]。如图 6.4～图 6.7 所示，圆木棒榫不是垂直插入时，胶合产品具有更高的机械强度，而且破坏不会发生在焊接界面上[37, 39]。焊接角度为 20°的试件的抗剪强度和刚度均优于 0°和 10°的试件。

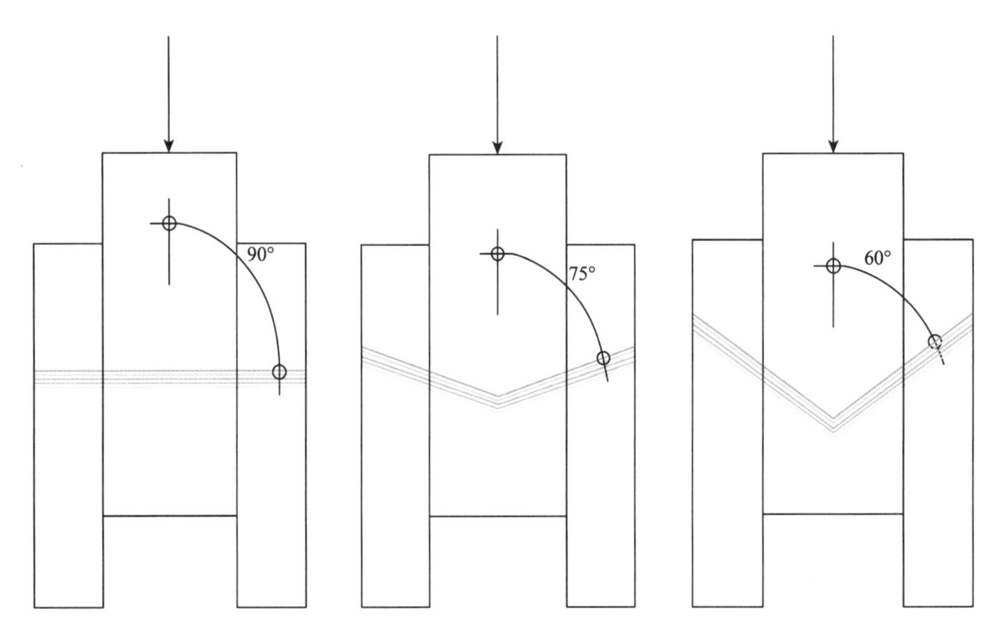

图 6.4　圆木棒榫以三种不同角度插入的旋转焊接示意图

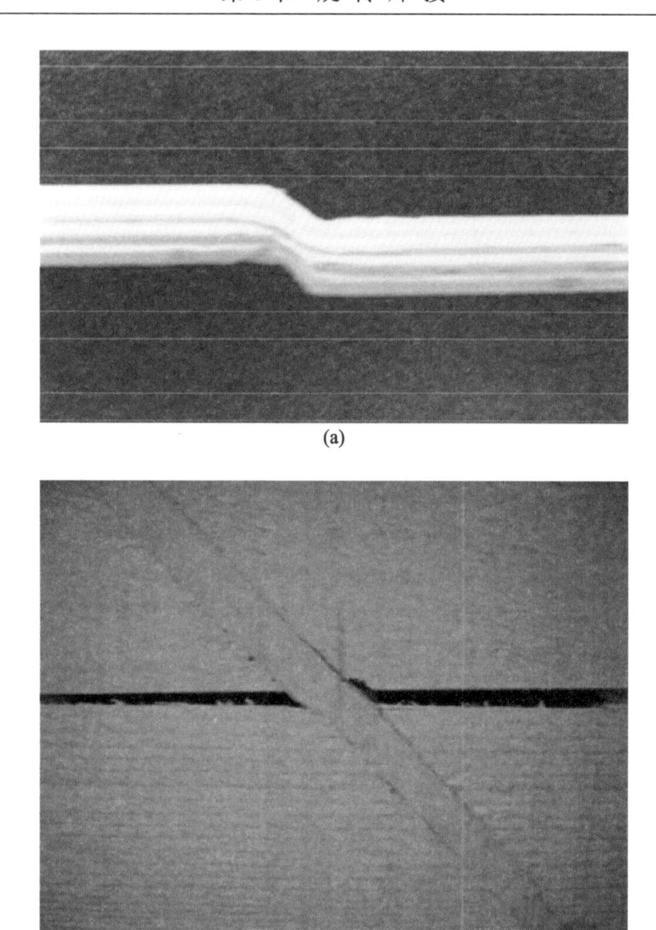
(a)

(b)

图 6.5 圆木棒榫以 45°旋转焊接后的形态变化

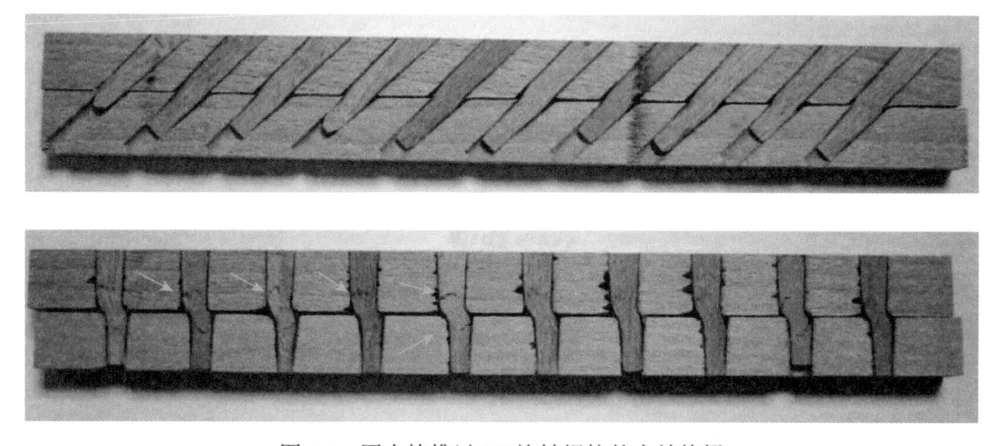

图 6.6 圆木棒榫以 45°旋转焊接的木结构梁

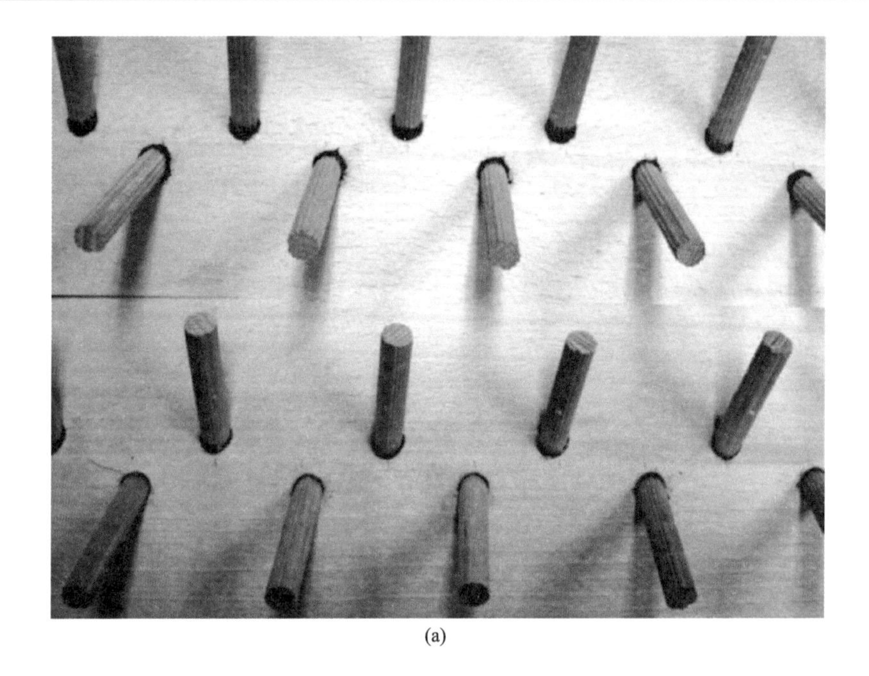

(a)

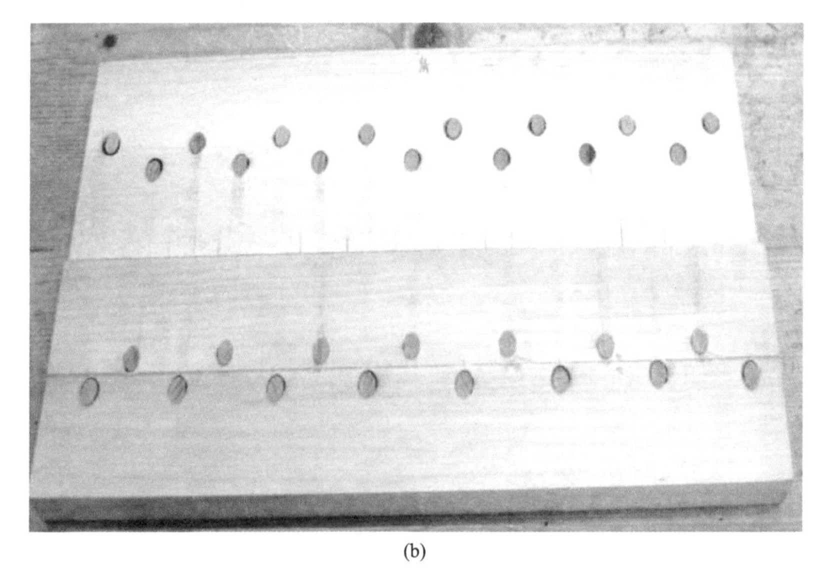

(b)

图 6.7　斜插入圆木棒榫的焊接产品

Oudjene 等利用有限元分析（finite element analysis，FEA）模型计算值和实验值验证了圆木棒榫不同角度插入后焊接产品机械强度的最大破坏值[40]，如表 6.1 所示。结果得出，当圆木棒榫的插入角度为 45°时焊接产品的最大机械强度值大于圆木棒榫垂直插入时的值。

表 6.1 圆木棒榫不同角度插入焊接后产品的最大机械强度及位移变化

对比	圆木棒榫 90°插入		圆木棒榫 45°插入	
	机械强度最大值/kN	位移/mm	机械强度最大值/kN	位移/mm
模型计算值	6	3.5	7.85	2.90
实验值	5.9	3.6	7.70	2.73

6.1.4 木材种类

不同树种的木材组分和结构不同，树种性能差异对旋转焊接影响较大。圆木棒榫和基材采用同一树种进行焊接时，槭木的焊接性能比桦木更优异。基材采用桦木，圆木棒榫分别采用槭木和桦木，槭木的焊接性能更优异。旋转焊接界面层的性能更多取决于木榫树种，旋转焊接的界面层材料多来自于圆木棒榫。通常来说，焊接时采用材质较软的基材并配备材质较硬的木榫，可相对提高焊接强度。Rodriguez 等指出，木材种类将影响产品的焊接强度[33]。研究表明，黄桦的焊接强度与用 PVAc 胶黏剂胶合的强度相当；而对于槭木而言，焊接强度明显优于用 PVAc 胶黏剂胶合的强度。对于两种木材而言，焊接后的耐水性强度都明显优于用 PVAc 胶黏剂来胶合的强度。而对水青冈来说，无论干燥状态下的焊接强度还是耐水性强度，旋转焊接的强度均高于 PVAc 胶黏剂胶合产品的强度。

前期研究已经得出，木材焊接产品的机械强度与焊接密度成正相关。表 6.2 显示了不同焊接方法对焊接产品机械强度的影响，蘸有白乳胶的木榫焊接强度只有 1844N，而旋转焊接强度高达 1979N。24h 冷水浸泡后的焊接强度区别更是明显，这当然也与圆木棒榫和基材接触焊接界面的密度密切相关，木钉仅仅在与基材接触的底层才有密度的明显上升（高亮区域），而对于旋转焊接来说，密度的增大部分广泛且均匀地分布于整根圆木棒榫与基材的较广界面，这也是其强度较高的原因所在[34, 38]。

表 6.2 不同焊接方法对焊接产品机械强度的影响

焊接方法	结合时间	干强度/N	24h 冷水浸泡后的强度/N
旋转焊接	3s	1979±103	1746±153
蘸有白乳胶的木榫焊接	24h	1844±177	1286±224

整个焊接过程及焊接产品区别最大的是产品的加工时间，旋转焊接只需几秒即可完成产品加工，而蘸胶木钉的胶黏剂固化则至少需要 24h。不同结合方法对

焊接产品机械强度的影响如表 6.3 所示，水青冈旋转焊接方法得出的产品具备的最大结合强度达到 3355N，远远高于其他结合方法。

表 6.3　不同结合方法对焊接产品机械强度的影响

结合方法	转速/(r/min)	最大结合强度/N
水青冈旋转焊接	1200	3355
PVAc 胶榫结合	—	2785
榫无胶结合	—	182

相对于 UF 胶黏剂胶接的木制品来说，旋转焊接获得较高的强度，尤其是耐水性，如表 6.4 所示，这当然也与旋转焊接的几何、物理特性相关。

表 6.4　旋转焊接及 UF 胶黏剂胶接的木制品强度　（单位：N/mm^2）

状态	旋转焊接（5 个圆木棒榫）	UF 树脂胶接
干燥	0.58±0.04	1.42±0.16
2h 沸水煮	0.34±0.02	0.0
2h 沸水煮＋干燥	0.35±0.02	0.0

6.2　旋转焊接过程中的温度变化

Zoulalian 等通过研究建立了旋转焊接界面温度（T_o）与摩擦时间的函数关系如下[41]：

$$T_o = T_i + \frac{2\beta\mu\tau\sqrt{\alpha}}{h\sqrt{\pi}}\sqrt{t}$$

式中，T_i 为界面初始温度；t 为摩擦时间；τ 为摩擦系数；μ 为旋转速度；β 为机械能转化为热能的系数；h 为木材的电导率；α 为木材的热导率。

如图 6.8 所示，通过该函数关系可以计算出获得最佳焊接强度的温度大概为 183℃。Kanazawa 等也证实了旋转焊接的温度为 180℃左右[36]。与线性摩擦焊接相比，旋转焊接过程中所能达到的最高温度较低，但耐水性更好。旋转焊接在 0.9～1.2s 时可达到理论最高温度 183.5℃。当达到最高温度后温度急剧下降，主要原因是木榫高速旋转引起基材孔壁和木榫之间摩擦，界面层纤维受摩擦生热作用软化压缩后，再无纤维填充进界面层，所以在界面层会产生空隙，在此过程中，旋转的圆木棒榫骤然停止运动会使温度急剧下降至 140℃左右。

由此得出，旋转焊接过程中所能达到的最高温度比线性摩擦焊接能达到的最高温度较低。

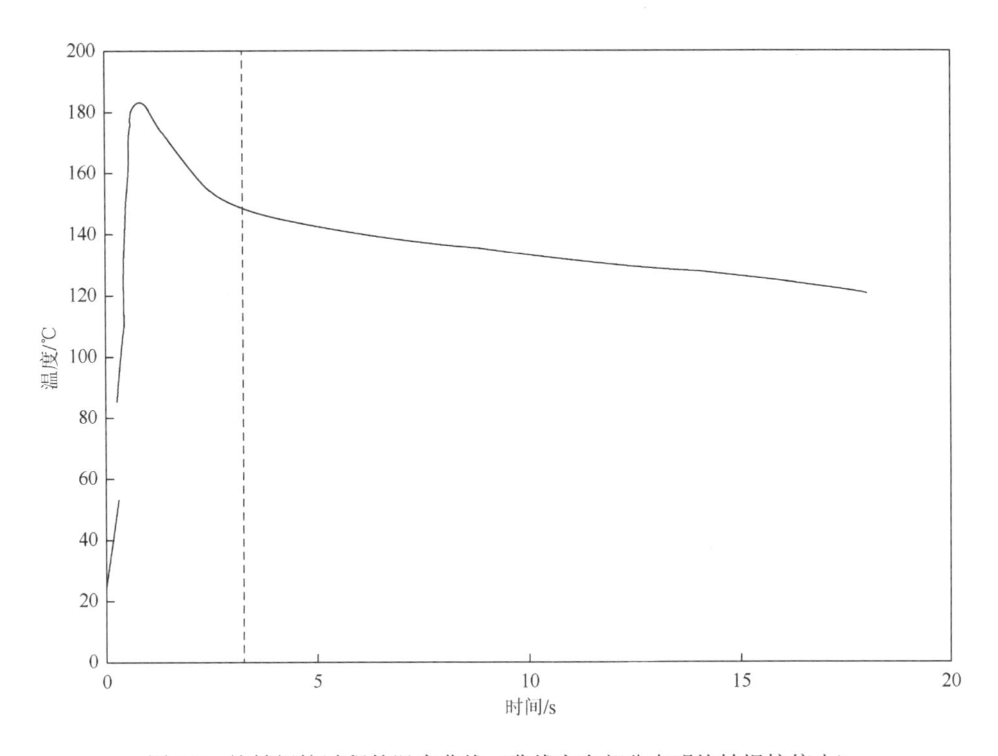

图 6.8　旋转焊接过程的温度曲线（曲线空白部分表明旋转焊接停止）

6.3　旋转焊接过程中的化学反应

木材焊接过程中，木材之间的摩擦导致木质素和半纤维素熔融、流动，在界面层冷却后形成一层高密度的焊接界面，以达到高强度的效果。因此，在整个焊接过程中必定伴有一些化学反应，GC/MS、DSC、XPS、NMR 和 FT-IR 等化学分析手段证明了在旋转焊接和线性摩擦焊接中化学成分的变化，揭示了木材焊接的内在机理，证实了在木材焊接过程中木质素和碳水化合物衍生物糠醛之间发生了化学交联反应，焊接区域自由酚基的增加和苯酚丙烷单元典型键的减少说明木质素发生了显著变化，同时证明了纤维素具有较好的耐热特性。另外，在焊接区域发现少量的多糖物质不是很稳定。图 6.9 展示了用于 XPS 分析的旋转焊接区和对照区的实物图[42]，图 6.10 详细解析了木质素在木材焊接过程中发生的化学反应机理及路径[43]。

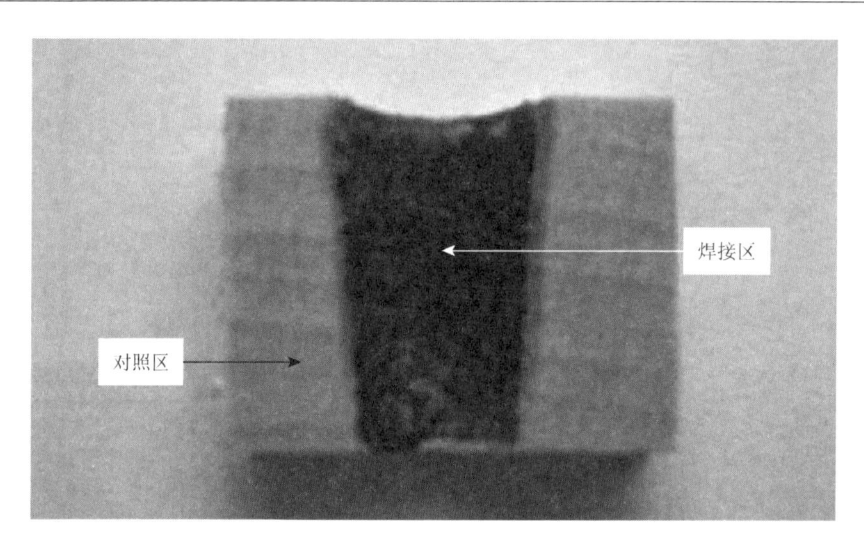

图 6.9　用于 XPS 分析的旋转焊接区和对照区的实物图

侧链氧化

(a) 木质素侧链氧化后的变化

ΔT

(b) b-O-4胶接的木质素结构的热降解途径

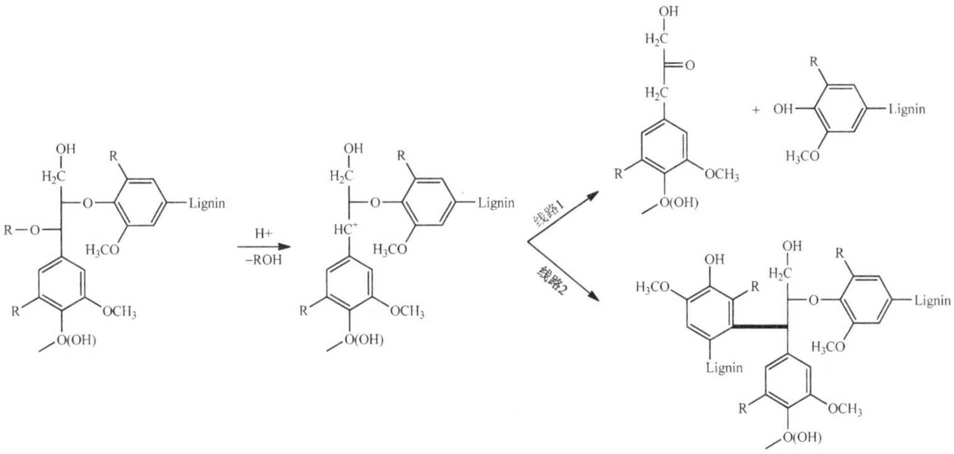

(c) 木质素的解聚反应（线路1）和缩聚反应（线路2）

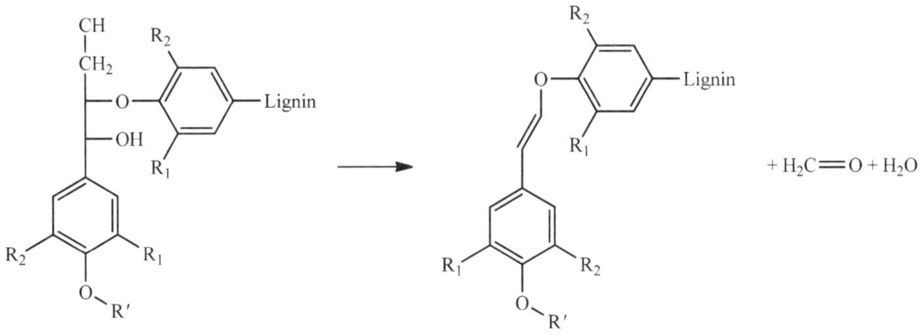

(d) 木质素单元形成甲醛的过程

图 6.10 木材焊接过程中发生反应的化学反应机理及路径

Kanazawa 等利用 NMR 分析了旋转焊接过程中发生的化学反应。研究得出：①当焊接强度较高时，相应的木材组分中碳水化合物中的糠醛含量也相应提高；②木质基材中的糠醛含量明显高于圆木棒榫中的糠醛含量；③当圆木棒榫进给速度较快时，糠醛含量也相应提高。总而言之，旋转焊接过程中发生的化学反应与线性摩擦焊接类似，在不同的温度范围内，木材组分发生相应的变化[36]。

6.4 旋转焊接过程中的挥发物成分

旋转焊接过程中，要想获得优异的焊接性能，就必须保证以木质素为主的化合物达到熔融状态。使木质素完全熔融的焊接工艺在焊接过程中会产生大量的挥发物，这就给人们造成一种焊接工艺是否环保的顾虑。为了消除人们的顾虑，Omrani 等利用 GC/MS 对焊接过程中产生的挥发物主要成分进行了化学分析，得出了与线性摩擦焊接相同的结论：挥发物主要为水蒸气、少量 CO_2、无定形碳水化合物和木质素的降解物，对于针叶材而言，同时有一些易挥发的萜烯类化合物[20]。在挥发的烟气中检测到的呋喃衍生物证明木质素中的糠醛和其他呋喃衍生物之间发生了反应[18]。

6.5　旋转焊接界面形貌及密度分布

利用 SEM 对旋转焊接界面的形貌进行表征，得到如图 6.11 所示的焊接木材界面，能明显看到单根长的木材纤维沉积在熔融的聚合物结构中，在焊接界面形成相互缠结的木材纤维[44]。

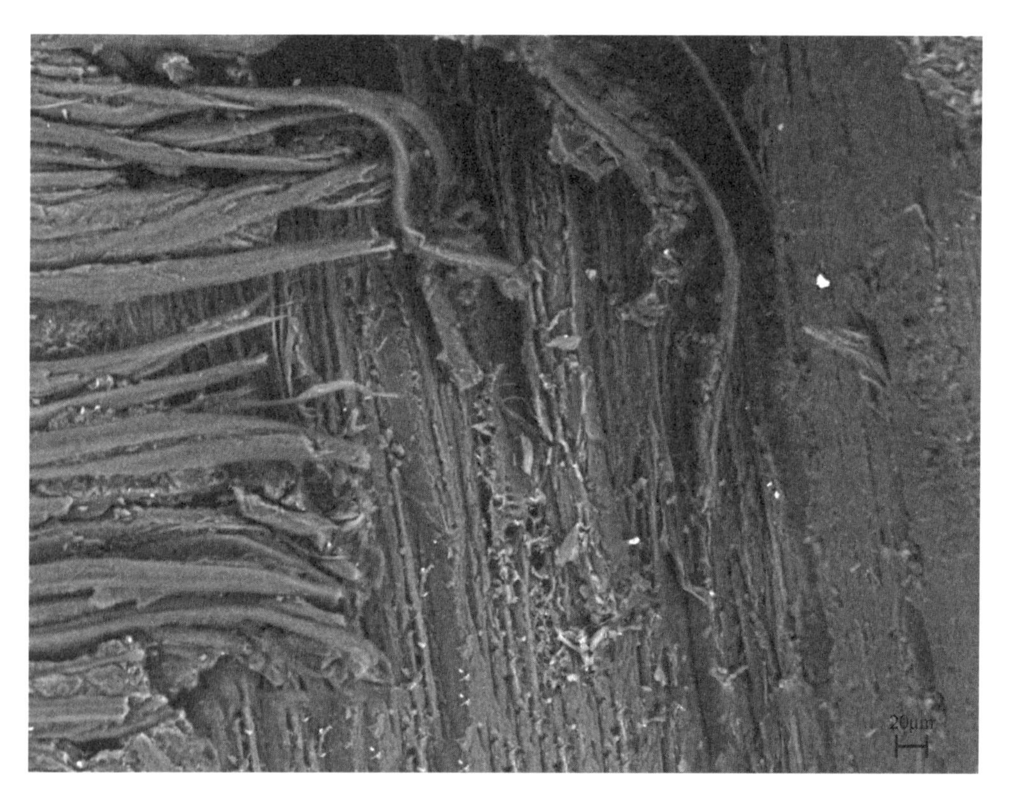

图 6.11　旋转焊接木材界面形貌

与线性摩擦焊接类似，圆木棒榫与木质基材接触界面同样具有较高的密度分布，如图 6.12 所示。图 6.12（a）显示，在圆木棒榫与木质基材接触的焊接区域内颜色加深，说明该区域的密度显著提高。图 6.12（b）则利用 X 射线扫描仪扫描了焊接产品截面的剖面密度。从剖面密度曲线分布来看，基材的密度略低于圆木棒榫木材的密度，表现为两头（基材）的曲线位置低于中间（圆木棒榫）的曲线。突出的两个顶点正说明了圆木棒榫与木质基材焊接界面的密度显著增大，因此，图 6.12（a）和（b）焊接区域密度增大正好验证了以上结论。

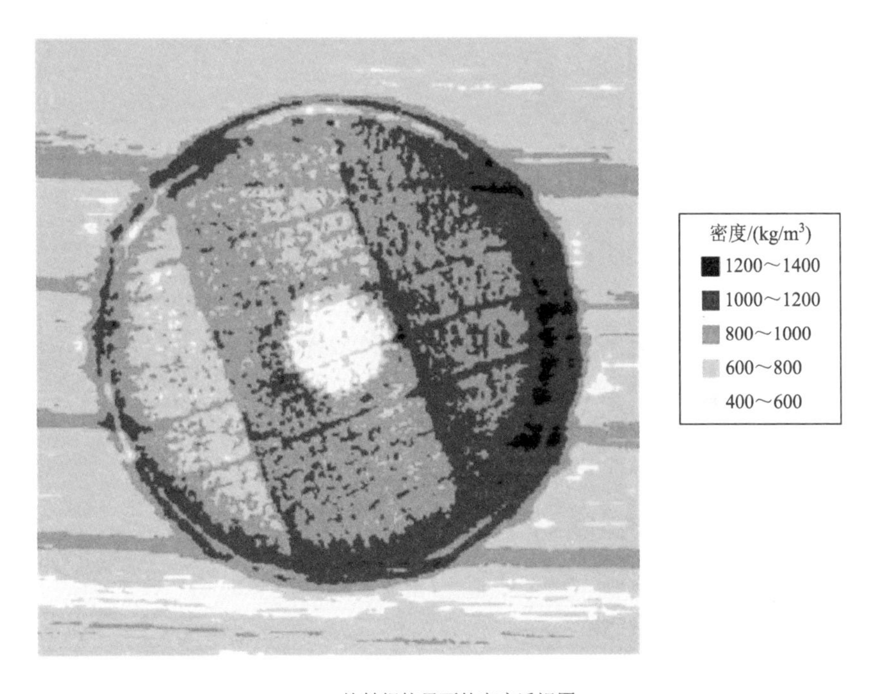

(a) 旋转焊接界面的密度透视图

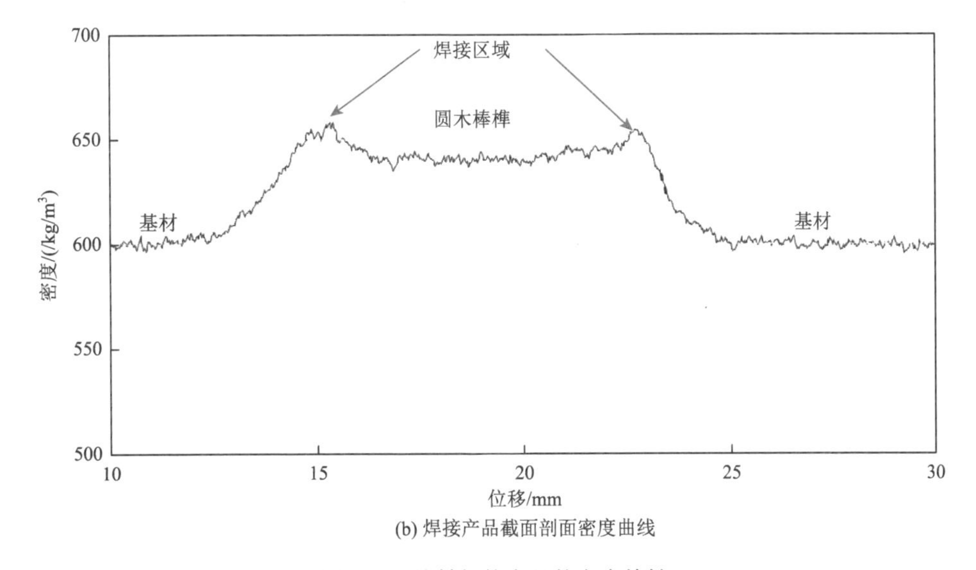

(b) 焊接产品截面剖面密度曲线

图 6.12 旋转焊接产品的密度特性

6.6　旋转焊接产品耐水性改善研究

与线性摩擦焊接相比，旋转焊接具有特殊的几何形状特性，即圆木棒榫插入基材内部进行焊接，使得界面层留在基材内部得到保护，所以耐水性能较好，焊接产品可以在潮湿环境中放置 8 个月而不发生明显剥离，而线性摩擦焊接产品放置约 4 个月后即可能发生明显剥离。为了提高木材焊接的耐水性强度，使其可以在室外使用，一些无毒、天然、廉价、易得的添加剂（如松香、植物油及乙酰化木质素）以不同方式附着在焊接界面后，焊接产品的耐水性得到大幅度提高，但是还不足以完全达到室外级标准要求。从结果来看，旋转焊接的效果要明显优于线性摩擦焊接，这也是由其自身的几何形状决定的。

Segovia 等利用植物油的润滑功能及疏水性原理，将圆木棒榫浸泡在植物油里一段时间后再进行焊接，从而可以获得耐水性较好的木材焊接产品，而且植物油的润滑作用可以使圆木棒榫插入得更深，从而减少圆木棒榫的使用数量[45]。Pizzi 等利用乙酰化木质素包裹在圆木棒榫表面，然后对其进行焊接，结果显示干状抗拉强度提高幅度高达 45%，耐水性抗拉强度提高幅度为 32%[46]。有人研究了“之”字形圆木棒榫焊接产品暴露在潮湿环境中的耐久特性，将制备的样品在热水里浸泡 2h 后测其强度，测试结果表明，“之”字形产品在两块木材之间产生了非常高的结合强度。该产品的抗拉强度在接下来的 4、8、12 个月后陆续降低，在没有任何保护措施的条件下，产品最终在 12 个月后完全破坏。令人欣喜的是，产品暴露在非常苛刻的环境中 4 个月和 8 个月后，仍能够牢牢地结合在一起。如果在两块木材的结合界面加入更多数量的焊接圆棒木榫，产品的干状结合强度将变得更加理想，但是潮湿环境下的耐久性未必会得到提高。

利用乙酰化、糠醛化和热油处理三种方法来提高焊接产品的耐水性，研究结果表明，除了乙酰化处理的样品，其他处理方法焊接的产品对防止水分渗透特性都起到很好的效果，尤其是热油处理办法显著提高了产品的尺寸稳定性和耐久性。

总的说来，由旋转焊接技术生产的胶合梁抗剪试件的力学性能完全满足要求，且胶合梁的刚度随着木榫数量增加而变大。以非垂直角度插入圆木棒榫焊接（图 6.13）具有较好的干态强度，可以应用于室内环境，但湿态强度不理想，不能作为户外结构用材连接方式。在家具中常用的榫卯连接方法得到的强度同样可以通过多根圆木棒榫焊接的方式获得。如果在榫卯连接的基础上再进行多根圆木棒榫焊接，可以获得更高的连接强度。旋转焊接人造板同样显示出较优异的性能，尤其在使用 OSB 作为基材时，与钉连接的 OSB 进行对比，发现旋转焊接的刚度性能高出近 50%。现行木结构建筑行业中，轻型木结构剪力墙和楼板均采用钉连接 OSB，因此，在轻型木结构建筑装配过程中，可以考虑采用旋转焊接的连接方式现场施工。

(a) 圆木棒榫斜插入焊接示意图

(b) 圆木棒榫不同角度插入焊接产品实物图

图 6.13　旋转焊接产品

6.7　旋转焊接木制品的应用开发

Bocquet 等设计并用旋转焊接方法制备了一块 4m×4m 的地板，如图 6.14 所示[47]，该地板各项性能指标符合欧洲标准。该地板的成功制备对于酷爱 DIY（do it yourself，自己动手制作）的人来说是一个很好的范例，以后的地板安装可以使用此旋转焊接方法实现，省去使用胶水和螺钉带来的各种烦恼。通过改变圆木棒榫插入的条件及工艺和使用性能优异的木材，可以获得机械强度非常高的焊接产品。

(a) 装配原理图

(b) 半成品1

(c) 半成品2

(d) 成品

图 6.14 旋转焊接的大块实木地板（4m×4m）

旋转焊接不仅可以用于实木制品的胶接，同样可以用于人造板产品的焊接。Resch 等利用旋转焊接技术焊接了刨花板、OSB、MDF 等人造板产品，如图 6.15 所示，测试结果表明，利用旋转焊接的木制品具有与金属连接件连接的木制品相同的强度，符合欧洲标准要求[48]。

图 6.15 旋转焊接的人造板产品

Renaud 于 2008 年设计了一把微型椅，定义为 Z 椅，如图 6.16 所示。他使用旋转焊接方法在没有用胶水和金属连接件及木质支撑件协助的前提下完成其制作[49]。

图 6.16　旋转焊接的 Z 椅示意图

Segovia 在没有使用一根螺丝和钉子的前提下，完全使用旋转焊接的方法制备了两个柜子，并在博士学位论文答辩过程中展出，两个柜子具有美观的外形、巧妙的设计和优异的性能，如图 6.17 所示。另外，经过特殊的设计，利用圆木棒榫浸渍植物油的方法明显降低了焊接过程的摩擦力，使得圆木棒榫焊接更深入，将多层实木条牢固地焊接在一起，焊接的产品根据幅面的不同，可作为工作和厨房用工作台面使用[45]，如图 6.18 和图 6.19 所示。

图 6.20 展示了分别用单排圆木棒榫旋转焊接和双排铁钉连接的长为 2m 的木梁，结果得出，单排圆木棒榫旋转焊接后，木质梁具有更优异的性能，所具备的机械强度远远超过双排铁钉的机械强度[37]。从表 6.5 可以得出，无论针叶材还是阔叶材，旋转焊接以 30°进行焊接时所具备的机械强度与双排铁钉垂直钉入和蘸过 PVAc 胶的圆木棒榫的机械强度相当。焊接后产品的破坏区域如图 6.21 所示。从图 6.21 可以看出，试件的破坏多发生在木材内部，而不是在界面上。

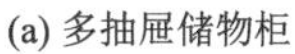

(a) 多抽屉储物柜

(b) 储物柜

图 6.17 旋转焊接制备的柜子

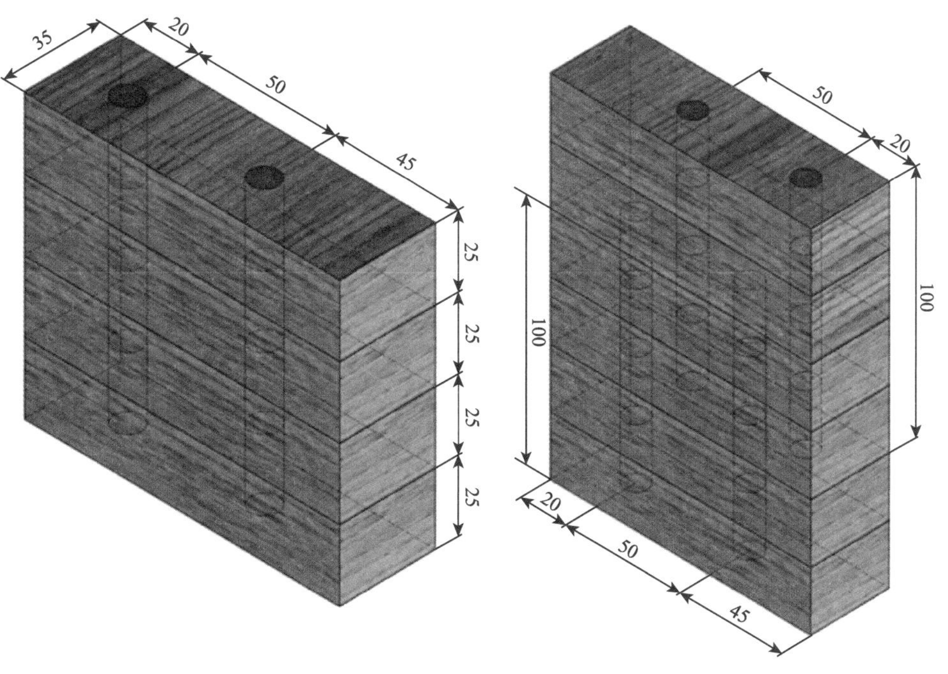

(a) 第一次焊接时圆木棒榫旋转插入的位置

(b) 第二次焊接时圆木棒榫旋转插入的位置

图 6.18 特殊设计的板材焊接示意图（单位：mm）

(a) 大幅面

(b) 小幅面

图 6.19　旋转焊接的板材成品

图 6.20　2m 长的木质梁

左为单排圆木棒榫旋转焊接，右为双排铁钉连接

表 6.5 2m 长木质梁的四点弯曲抗弯强度测试

样品		最大破坏力/kN	滑动位移/mm	硬度/(kN/mm)
云杉	双排铁钉垂直插入	3.20	69	0.04
	蘸 PVAc 胶圆木棒榫，30°插入	3.21	49	0.06
	旋转焊接圆木棒榫，30°插入	3.25	42	0.08
水青冈	双排铁钉垂直插入	7.00	79	0.08
	蘸 PVAc 胶圆木棒榫，30°插入	7.06	60	0.12
	旋转焊接圆木棒榫，30°插入	7.20	49	0.15

图 6.21 旋转焊接木质梁抗弯强度测试下破坏区域

第 7 章　木材焊接技术存在的问题及展望

7.1　存 在 问 题

（1）木材焊接产品具有较高的机械强度，但耐水性有待进一步改善，尤其是线性摩擦焊接。

（2）焊接过程中对焊接材料的要求比较高，尺寸在一定程度上受到限制。

（3）焊接产品过于单一，需要开发更加多样化的焊接产品。

7.2　技 术 展 望

随着生活水平的提高和环保意识的增强，人们必然对高品质家居环境提出更高的要求。木材焊接技术属于无胶粘接技术，整个过程没有使用任何化学原料和金属连接件，无有毒化学物质排放，加工高效，是一种环境友好型加工技术，属于“绿色”加工，消费者不会再谈“醛”色变。因此，木材焊接技术在绿色低碳、健康生活、建设生态文明的背景下具有广泛的应用前景。随着国内红木家具市场的兴起和人们对高品质家具及装饰材料的追求，该项技术将以独特的优势具有很大的发展空间。因此，木材焊接技术将会逐步得到消费者的认可和快速发展，可以说，该项技术发展潜力巨大。

旋转焊接技术完全是一项环境友好的加工工艺，不使用任何添加物，圆木棒榫通过高速旋转摩擦而使木材结合在一起，符合市场需求，能满足人们对高质量家居环境的渴望。①石油化工类合成胶黏剂（如甲醛基胶黏剂、乙烯基类树脂、丙烯基类树脂）在使用过程中逐渐释放甲醛等有毒气体，给人类健康带来极大的危害，随着旋转焊接技术的逐步应用，潜在危害的有毒胶黏剂将会被逐步淘汰；②旋转焊接技术的工艺、设备研究更能满足人们对 DIY 的追求；③减少家具装配中五金配件、石油化工类胶黏剂等高碳类产品需求，旋转焊接技术的进一步发展将为家具产业的低碳环保再添新贡献，同时可降低生产成本；④旋转焊接技术除在家具装配中应用外，在室内装修和木制房屋室内地板、楼板等应用中也将逐渐盛行。旋转焊接在现代木结构建筑中可以替代钉连接以及对古建筑进行加固和修复。

线性摩擦焊接技术可以进行名贵木材的无胶连接如拼板等工艺，但木材焊接的耐水性及耐候性有待提高，仍然处于试验阶段。

木材焊接技术因加工设备设计不足、木榫尺寸过小或过大而难以实现焊接，且无法进行大规模应用。较小的木榫在焊接过程中易折断，须通过设计夹持设备和优化工艺参数提高施工性能；较大的木榫则须通过改进多排钻等设备才有望应用于木结构建筑的连接中。

在人们努力追求高品质、无污染“绿色”生活的形势下，未来木材焊接技术将凭借其独特优势获得蓬勃发展，但还存在一些研究难点需要克服，例如，设计制造便于施工的机械设备，国内现有的加工设备自动化程度低，这极大地限制了木材焊接技术的工业化发展；提高用于户外的焊接产品的耐水性和耐候性，尤其是平面摩擦焊接。木材焊接技术的研究热点将集中于两点：一是开发新的预处理方式，以提升焊接强度，如选用一些酸溶液浸渍圆木棒榫，对木榫表面产生轻微腐蚀而不损害内部结构，这样可使得木榫表面材料在焊接时更容易与木质基材发生反应，达到更好的界面胶合；二是综合考查焊接工艺影响参数的交叉作用，制订出多套适于施工的最优工艺参数组合。

参考文献

[1] Tondi G，Andrews S，Pizzi A，et al. Comparative potential of alternative wood welding systems，ultrasonic and microfriction stir welding[J]. Journal of Adhesion Science & Technology，2007，21（16）：1633-1643.

[2] 周晓剑，Pizzi A，杜官本. 木材焊接技术（无胶胶合）的研究进展[J]. 中国胶粘剂，2014，23（6）：47-53.

[3] Giese M. Fertigungsund werkstofftechnische Betrachtungen zum Vibrationsschweissen von Polymerwerkstoffen：Technisch-wissenscha ftlicher Bericht[M]. Erlangen：Lehrstuhl für Kunststofftechnik，Universität Erlangen-Nürnberg，1995.

[4] Prozeßverlauf H S. Schmelzebelastung und Nahtfestigkeiten beim biaxialen Vibrationsschweißen von Polypropylen，Ing[D]. Erlangen：Lehrstuhl für Kunststofftechnik，Universität Erlangen-Nürnberg，1998.

[5] Rose C. Wood welding: A challenging alternative to conventional wood gluing[J]. Scandinavian Journal of Forest Research，2005，20（6）：534-538.

[6] Vaziri M，Lindgren O，Pizzi A，et al. Moisture sensitivity of scots pine joints produced by linear frictional welding[J]. Journal of Adhesion Science & Technology，2010，24（8-10）：1515-1527.

[7] Omrani P，Mansouri H R，Pizzi A. Influence of wood grain direction on linear welding[J]. Journal of Adhesion Science & Technology，2009，23（16）：2047-2055.

[8] Omrani P，Pizzi A，Mansouri H R，et al. Physico-chemical causes of the extent of water resistance of linearly welded wood joints[J]. Journal of Adhesion Science & Technology，2009，23（6）：827-837.

[9] Leban J M，Pizzi A，Wieland S，et al. X-ray microdensitometry analysis of vibration-welded wood[J]. Journal of Adhesion Science and Technology，2004，18（6）：673-685.

[10] Ganne-Chedeville C，Properzi M，Pizzi A. Edge and face linear vibration welding of wood panels[J]. Holz als Roh-und Werkstff，2007，65（1）：83-85.

[11] Omrani P，Mansouri H R，Pizzi A，et al. Influence of grain direction and pre-heating on linear wood welding[J]. European Journal of Wood and Wood Products，2010，68（1）：113-114.

[12] Mansouri H R，Omrani P，Pizzi A. Improving the water resistance of linear vibration-welded wood joints[J]. Journal of Adhesion Science and Technology，2009，23（1）：63-70.

[13] Properzi M，Leban J，Wieland S，et al. Influence of grain direction in vibrational wood welding[J]. Holzforschung，2005，59（1）：23-27.

[14] Boonstra M，Pizzi A，Ganne-Chedeville C. Vibration welding of heat-treated wood [J]. Journal of Adhesion Science and Technology，2006，20（4）：359-369.

[15] Omrani P，Mansouri H R，Pizzi A. Linear welding of grooved wood surfaces[J]. European

Journal of Wood & Wood Products，2009，67（4）：479-481.

[16] Ganne-Chedeville C. Soudage linéaire du bois étude et compréhension des modifications physico-chimiques et développement d’une technologie d’assemblage innovante[D]. Nancy：Université Henri Poincaré-Nancy，2008.

[17] Stamm B. Development of friction welding of wood-physical，mechanical and chemical studies[D]. Lausanne，Switzerland：EPFL，2005.

[18] Stamm B，Windeisen E，Natterer J，et al. Chemical investigations on the thermal behaviour of wood during friction welding[J]. Wood Science & Technology，2006，40（7）：615-627.

[19] Delmotte L，Ganne-Chedeville C，Leban J M，et al. CP-MAS ^{13}C NMR and FT-IR investigation of the degradation reactions of polymer constituents in wood welding[J]. Polymer Degradation & Stability，2008，93（2）：406-412.

[20] Omrani P，Masson E，Pizzi A，et al. Emission of gases and degradation volatiles from polymeric wood constituents in friction welding of wood dowels[J]. Polymer Degradation & Stability，2008，93（4）：794-799.

[21] Pizzi A. Wood welding—An award-winning discovery[J]. Scandinavian Journal of Forest Research. News & Views，2005，4：285-286.

[22] Gfeller B，Zanetti M，Properzi M，et al. Wood bonding by vibrational welding[J]. Journal of Adhesion Science & Technology，2003，17（11）：1573-1589.

[23] Stamm B，Natterer J，Navi P. Joining wood by friction welding[J]. Holz als Roh-und Werkstoff，2005，63（5）：313-320.

[24] Gfeller B，Pizzi A，Zanetti M，et al. Solid wood joints by in situ welding of structural wood constituents[J]. Holzforschung，2004，58（1）：45-52.

[25] Vaziri M，Lindgren O，Pizzi A. Optimization of tensile-shear strength for linear welded scots pine[J]. Journal of Adhesion Science & Technology，2012，26（1-3）：109-119.

[26] Pizzi A. Influence of machine setting and wood parameters on crack formation in scots pine joints produced by linear friction welding[J]. Journal of Adhesion Science & Technology，2012，26（18-19）：2189-2197.

[27] Vaziri M，Lindgren O，Pizzi A. Influence of welding parameters and wood properties on the water absorption in scots pine joints induced by linear welding[J]. Journal of Adhesion Science & Technology，2011，25（15）：1839-1847.

[28] Vaziri M，Orädd G，Lindgren O，et al. Magnetic resonance imaging of water distribution in welded woods[J]. Journal of Adhesion Science & Technology，2011，25（16）：1997-2003.

[29] Stamm B，Natterer J，Navi P. Joining of wood layers by friction welding[J]. Journal of Adhesion Science & Technology，2005，19（13-14）：1129-1139.

[30] Weinand Y，Stamm B. Joining wood by friction welding-fabrication of multi-layered components[C]. World Conference in Timber Engineering WCTE，Portland，2006.

[31] Zhang H，Pizzi A，Lu X，et al. Optimization of tensile shear strength of linear mechanically welded outer-to-inner flattened moso bamboo（phyllostachys pubescens）[J]. Bioresources，2014，9（2）：2500-2508.

[32] Hu J B. Optimization of wood welding with some natural，non-toxic，environmental-friendly additives[D]. Nancy：University of Lorraine，2012.

[33] Rodriguez G，Diouf P，Blanchet P，et al. Wood-dowel bonding by high-speed rotation welding â application to two canadian hardwood species[J]. Journal of Adhesion Science & Technology，2010，24（8-10）：1423-1436.

[34] Ganne-Chedeville C，Pizzi A，Thomas A，et al. Parameter interactions in two-block welding and the wood nail concept in wood dowel welding[J]. Journal of Adhesion Science & Technology，2005，19（13-14）：1157-1174.

[35] Auchet S，Segovia C，Mansouri H R，et al. Accelerating vs constant rate of insertion in wood dowel welding[J]. Journal of Adhesion Science & Technology，2010，24（7）：1319-1328.

[36] Kanazawa F，Pizzi A，Properzi M，et al. Parameters influencing wood-dowel welding by high-speed rotation[J]. Journal of Adhesion Science & Technology，2005，19（12）：1025-1038.

[37] Bocquet J F，Pizzi A，Despres A，et al. Wood joints and laminated wood beams assembled by mechanically-welded wood dowels[J]. Journal of Adhesion Science & Technology，2007，21（3-4）：301-317.

[38] Pizzi A，Despres A，Mansouri H R，et al. Wood joints by through-dowel rotation welding：microstructure，^{13}C-NMR and water resistance[J]. Journal of Adhesion Science & Technology，2006，20（5）：427-436.

[39] Omrani P，Bocquet J F，Pizzi A，et al. Zig-zag rotational dowel welding for exterior wood joints[J]. Journal of Adhesion Science & Technology，2007，21（10）：923-933.

[40] Oudjene M，Khelifa M，Segovia C，et al. Application of numerical modelling to dowel-welded wood joints[J]. Journal of Adhesion Science & Technology，2010，24（2）：359-370.

[41] Zoulalian A，Pizzi A. Wood-dowel rotation welding-a heat-transfer model[J]. Journal of Adhesion Science & Technology，2007，21（2）：97-108.

[42] Sun Y，Royer M，Diouf P N，et al. Chemical changes induced by high-speed rotation welding of wood—Application to two canadian hardwood species[J]. Journal of Adhesion Science & Technology，2010，24（8-10）：1383-1400.

[43] Belleville B，Stevanovic T，Cloutier A，et al. An investigation of thermochemical changes in Canadian hardwood species during wood welding[J]. European Journal of Wood & Wood Products，2013，71（2）：245-257.

[44] Pizzi A，Leban J M，Kanazawa F，et al. Wood dowel bonding by high-speed rotation welding[J]. Journal of Adhesion Science & Technology，2004，18（11）：1263-1278.

[45] Segovia C，Zhou X，Pizzi A. Wood blockboards for construction fabricated by wood welding with pre-oiled dowels[J]. Journal of Adhesion Science & Technology，2013，27（5-6）：577-585.

[46] Pizzi A，Zhou X，Navarrete P，et al. Enhancing water resistance of welded dowel wood joints by acetylated lignin[J]. Journal of Adhesion Science & Technology，2013，27（3）：252-262.

[47] Bocquet J F，Pizzi A，Resch L. Full-scale（industrial）wood floor using welded-through

dowels[J]. Journal of Adhesion Science & Technology，2006，20（15）：1727-1739.

[48] Resch L，Despres A，Pizzi A，et al. Welding-through doweling of wood panels[J]. Holz als Roh- und Werkstoff，2006，64（5）：423-425.

[49] Renaud A. Minimalist Z chair assembly by rotational dowel welding[J]. European Journal of Wood & Wood Products，2009，67（1）：111-112.